海上保安大学校
海上保安学校への道

2024 年版

海上保安受験研究会　編

成山堂書店

目　次

広大な海を舞台に
活躍する海上保安官！

https://www.kaiho.mlit.go.jp

　広大な海で四面を囲まれた海洋国家であるわが国は、貿易や漁業によって海からの大きな恵みを得る一方で、海難事故や密輸・密航などの海上犯罪、そして領土や海洋資源の帰属について国家間の主権主張の場となるなど、海上において様々な事案が発生しています。

　海上保安庁は1948（昭和23）年5月の発足以来、国民が安心して海を利用し多くの恩恵を享受できるように海上犯罪の取締り、領海警備、海難救助、環境保全、災害対応、海洋調査、船舶の航行安全等の活動に日夜従事しています。

▲管区海上保安本部担任水域
東京都千代田区霞が関にある中央機構（本庁）のほか、地方機関として全国を
11の管区に分け、海上保安業務を行っています。

治安の確保　安全で安心な日本の海の実現を

　わが国にとって「海」は国境でもあり、治安を脅かすテロや密輸・密航、漁業秩序を乱す密漁等、様々な犯罪行為が行われる場にもなります。

　海上で行われる犯罪行為の未然防止や取締りに努め、安全で安心な日本の海の実現を目指しています。

領海・EEZ を守る　冷静、かつ毅然と対応

　近年、日本の近隣諸国等は、海洋進出の動きを活発化させています。

　日本の領土・領海を断固として守るという方針のもと、国際法や国内法に基づき、日本の周辺海域で行われている外国公船、外国海洋調査船による活動や外国漁船による違法操業の監視を、昼夜を問わず実施しています。

生命を救う　苦しい、疲れた、もうやめたでは、人の命は救えない

　海の危険性や自己救命策確保の必要性について、国民への周知・啓発活動により、海難の未然防止に努めています。

　いざ海難が発生した場合には、強い使命感のもと、迅速な救助・救急活動を行い、尊い人命を救うことに全力を尽くしています。

青い海を守る　　美しい海を次の世代に継承するために

　私たちの共通の財産である海を美しく保つために、「未来に残そう青い海」をスローガンに、海洋汚染の調査、海上環境法令違反の取締り、海洋環境保全に関する指導・啓発などに取り組んでいます。

　将来を担う子どもたちに向けて海洋環境について考える機会も様々な形で提供しています。

災害に備える　　災害の脅威から人命・財産を守る

　船舶の火災、衝突、乗揚げ、転覆、沈没等の海難事故、油や有害液体物質の流出などの事故災害、地震、津波、台風、火山噴火など自然災害…。

　このような災害が発生した場合に、迅速かつ的確な対応ができるように資機材の整備や訓練など万全の準備を整えているほか、事故災害の未然防止のための取組みや自然災害に関する情報の整備・提供なども実施しています。

海を知る　　海を調べて未来に役立つデータを

　海洋権益の確保、海上交通の安全、海洋環境の保全や防災に加え、近年大きな期待が寄せられている新たな海洋資源開発の実用化のためにも、海洋調査の実施により得られた情報を適切に整理・提供していくことが不可欠です。その重要な役割を担っています。

海上交通の安全を守る　海難ゼロを目指して

日本の周辺海域では、毎年2,000隻前後の船舶事故が発生しています。ひとたび船舶事故が発生すると、尊い人命や財産が失われ、わが国の経済活動や海洋環境に多大な影響を及ぼすこともあります。

海上交通の安全を確保するため様々な取組みを実施しています。

海をつなぐ　各国の海上保安機関との連携を強化

諸外国との海上保安機関との間で、多国間・二国間の枠組みを通じ、海賊、不審船、密輸・密航、海上災害、海洋環境保全、海上交通の安全確保といった多くの課題に取り組み、法の支配に基づく自由で開かれた海洋秩序の維持・強化を図るとともに、シーレーン沿岸国の海上保安能力向上を支援するほか、国際機関と連携した様々な取組みを行っています。

治安の確保
テロ警戒
原子力発電所付近の警戒のようす

　海上保安官になるには、採用試験を受けて**海上保安大学校**、または**海上保安学校**に入学します。海技免状等の有資格者は、海上保安学校門司分校で採用しています。

　また、海上保安庁の「幹部」となる職員を養成するため、2020年度から一般大学卒業者を対象とした**「海上保安官採用試験」**が新設されました。

　採用後は、海上保安大学校（全寮制）で、航海又は機関の各専攻に分かれ研修が実施されます。1年目は**「初任科」**として、主に海技免状の取得に向けた科目を履修し、2年目は庁内の幹部登用課程である特修科に編入します。

　これまで一般大学卒業の方が幹部海上保安官を目指す場合は、舞鶴にある海上保安学校で1年間（ないし2年間）学び一定期間現場で仕事をした後、選抜試験を経て海上保安大学校特修科で1年間（ないし6ヶ月間）研修を受ける必要がありました。

　一般大学卒業の方にとっては、「初任科」の創設により幹部海上保安官への道がとても近いものになりました。

　海上保安庁は、海の警察官として国民が安心して海を利用できるよう海上での治安と安全の確保に日夜従事しています。

　入学・採用には年齢や健康状態等の条件があります。また、課程やコース等は、年度によって変更になる場合があります。詳しくは、**人事院または海上保安庁のホームページ**でご確認ください。

将来の幹部海上保安官を養成！

| 海上保安大学校 | 広島県呉市 |

- 本　科 （4年間）
- 初任科* （2年間）

＊2年目から特修科に編入となります。

6ページへ

プロフェッショナルを養成！

| 海上保安学校 | 京都府舞鶴市 |

- 一　般　課　程 （1年間）
- 航　空　課　程 （1年間）
- 管　制　課　程 （2年間）
- 海洋科学課程 （1年間）

20ページへ

これまでの資格を活かす！

| 海上保安学校 門司分校 | 福岡県 北九州市 |

- 船艇職員（航海・機関）
- 無線従事者（通信・技術）
- 航空機職員（飛行・整備・航空通信）

※ 採用試験により採用された職員に対する研修期間は6か月です。

34ページへ

https://www.jcga.ac.jp/

1 広大な敷地と充実した施設

2 将来の幹部職員を養成

3 入学と同時に国家公務員として採用、福利厚生も充実

　海上保安大学校は、海上保安大学校学生採用試験及び海上保安官採用試験に合格し採用された学生に対して、将来の幹部職員として海上保安業務を担うために必要な高度な知識と技能の習得、併せて心身の錬成を図ることを目的に設置された海上保安庁の教育機関です。

　広範囲にわたる海上保安業務の職責を全うする資質を培い、かつ、将来に向かって絶えず向上伸展できる資質を養成するために、人格の陶冶、リーダーシップの涵養、高い教養と見識の修得、強靭な気力・体力の育成を教育方針として教育訓練を実施しています。

本 科

教育体系

　採用後は、4月から呉で、海上保安大学校学生として本科4年、専攻科6か月と研修科（国際業務課程）3か月の計4年9か月間の教育を受けます。

教育内容

　幹部海上保安官として、複雑化・国際化する業務に必要である高度な専門能力を身に付けるとともに、航海、機関、情報通信の各専攻に分かれ、海技免状を取得するために必要な海事の専門知識を習得します。また、卒業と同時に学士「海上保安」の学位、大学院入学資格を取得できます。

受験資格

高卒後2年未満まで（詳細は49ページ）

初任科

教育体系

　採用後は、4月から呉で、初任科で1年間の教育を受けたのち特修科に編入され、さらに1年間の教育を受けます。その後、本科卒業生と同様、専攻科6カ月、研修科（国際業務課程）3カ月の計2年9カ月間の教育を受けます。

教育内容

　本科生と同様、幹部海上保安官として、複雑化・国際化する業務に必要である高度な専門能力を身に付け、航海または機関の各専攻に分かれ、海技免状を取得するために必要な海事の専門知識を習得します。

受験資格

大卒後30歳未満まで（詳細は50ページ）

卒業後の進路

　卒業後は本科、初任科ともに巡視船の主任の士官として配属され、海難救助、海上環境の保全、海上における治安の確保、海上交通安全の確保等の任務にあたります。その後、本庁（霞が関）、各管区本部等の陸上勤務となり、海上保安行政の企画・立案、あるいは各省庁等との協議、調整等を担い、海上と陸上の勤務を交互に経験しながら、様々なキャリアを積み幹部職員となります。

　また、希望と適性により、航空機のパイロット、特殊救難隊、潜水士、国際捜査官、大学校教官などの分野に進めるほか、大使館・国際機関等の在外機関に出向する場合もあります。海上保安業務の多方面で活躍するチャンスがあります。

カリキュラム

本　科

　2学年の後半から、航海・機関・情報通信の3つの分野から1つを選びます。本科を卒業した学生は専攻科に進み、世界一周する遠洋航海実習を行い、国際感覚を養います。

　その後、3か月間の研修科（国際業務課程）において、語学を中心とした国際対応能力や実践的な海上保安保安業務に関する知識を習得し、巡視船の初級幹部職員として配属されます。

入学	本科（4年間）			専攻科（6ヵ月）＋研修科 国際業務課程（3ヵ月）
1学年	2学年	3学年	4学年	
基礎教育課程　幅広い教養を身につける **共通科目** 哲学、文学、法学、法学演習、憲法、経済学、数学、統計 情報処理、物理学、物理学実験、化学、化学実験、英語、 英会話、保健体育　等 **選択科目** ロシア語、中国語、韓国語のいずれか				
専門基礎科目　専門教育を受けるため、まず必要な基礎能力を身につける **共通科目**　国際政治、政策科学、情報科学、気象学、海洋学、実務英語、リーダーシップ論、国際法、刑法、 　　　　刑事訴訟法、行政法、民事法　等				
	群別科目　第一群（航海）・第二群（機関）・第三群（情報通信）のいずれか 　**第一群**　航海学、船用計測工学、船体運動工学、海事法、船舶工学　等 　**第二群**　材料力学、機械力学、工業熱力学、電気機械工学、原動機工学　等 　**第三群**　情報理論、電子回路、通信システム、電磁波工学、通信工学実験　等			
	専門教育科目　複雑化・国際化している海上保安業務に対応するために必要な、高度な 　　　　　　専門能力を身につける 共通科目　海上保安制度論、海上犯罪捜査、捜索救助、海上交通政策学、海上警察権論、 　　　　国際紛争論、国際海洋法、海上安全学、海難救助工学、特別研究、組織行動論、 　　　　海上保安演習、海上警察政策　等			その他 実用英語、国際業務、環境実務、 海上犯罪論、海上安全工学論
訓練科目　逮捕術から救急安全法まで特殊技能を身につける 　逮捕術、けん銃、武器、端艇・信号、潜水、水泳、総合指揮（基本動作等、統率管理）、救急 　安全法　等				
実習科目　小型船舶の操船技術や通信技術を学ぶ 　小型船舶、通信技術、国際通信実習　等				
乗船実習　習得した船舶運航の知識、技能を実際の船上で実践し、業務遂行能力を身につけます。				
国内航海実習		国内航海実習		遠洋航海実習

★取得できる資格・免許

	第一群（航海）	第二群（機関）	第三群（情報通信）
取得できる資格 （履修により取得）	三級海技士（航海）の 筆記試験免除	三級海技士（機関）の 筆記試験免除	三級海上無線通信士 航空無線通信士
	一級海上特殊無線技士 二級陸上特殊無線技士		
	一級小型船舶操縦士		
取得を目指す資格 （受験により取得）	三級海技士（航海） 一級、二級海技士 （航海）の筆記試験	三級海技士（機関） 一級、二級海技士 （機関）の筆記試験	基本情報技術者試験 一級、二級陸上無線技術士 二級海上無線通信士

初任科

入学と同時に航海・機関の2つの分野のうち1つを選びます。

1年目は初任科として主に海技免状の取得に向けた科目を履修します。2年目からは特修科（海上保安学校卒業後、現場経験を経て幹部職員となる者の研修）に編入し、海技免状の取得に向けた科目を履修しながら、幹部海上保安官として必要な高度な専門能力を身に付けるための科目を履修します。

1年目（初任科）	2年目（特修科に編入）	専攻科	研修科
共通科目 複雑化・国際化している海上保安業務に対応するために必要な専門知識を身に付ける		専攻科（6カ月）	研修科（国際業務課程）（3カ月）
法学概論 海上保安業務概論　など	憲法、行政法、国際法、刑法、刑事訴訟法 海上交通法規、海上取締法規、海上警備論 海洋環境法、海上犯罪捜査論、救難防災論 政策分析演習、初級監督者論　など		
専攻別科目 航海または機関の専攻に分かれ、それぞれの専門知識・技能を身に付ける		その他 実用英語、国際業務、現場実務、海上犯罪論、海上安全工学論	
航海			
航海学基礎、航海計器学基礎、海洋気象学基礎 運用学基礎、海事法基礎　など	航海学、航海計器学、海洋学、気象学、運用学 海事法、航海力学、船舶工学、海難救助論　など		
機関			
機関構造学基礎、内燃機関学基礎、蒸気機関学基礎 補助機関学基礎、電気工学基礎、電気機器学基礎 機械工学基礎、材料工学基礎、工業化学基礎、 機関実務基礎、機関法規基礎　など	機械工学、内燃機関学、蒸気機関学 機関学実験、補助機関学、電気工学、舶用工業化学 舶用電気機械、機関要務　など		
訓練科目 逮捕術から救急安全法など現場で必要となる特殊技能を身につける			
逮捕術、けん銃、武器、端艇・信号、水泳、基本動作、救急安全法　など			
実習科目 小型船舶の操船技術や通信技術を学ぶ			
小型船舶、通信実技、国際通信実習、マリンレジャー実習 救命消火、無線英語、無線技術、航海・機関英語講習、電子海図情報表示装置実習（航海科のみ）　など			
乗船実習 習得した船舶運航の知識、技能を実際の船上で実践し、業務遂行能力を身に付ける			
国内航海実習	国内航海実習	遠洋航海実習	国内航海実習

★取得できる資格・免許

	航　海	機　関
取得できる資格 （履修により取得）	四級海技士（航海）の筆記試験免除	四級海技士（機関）の筆記試験免除
	一級海上特殊無線技士／二級陸上特殊無線技士／一級小型船舶操縦士	
取得を目指す資格 （受験により取得）	四級海技士（航海） 一・二・三級海技士（航海）の筆記試験	四級海技士（機関） 一・二・三級海技士（機関）の筆記試験

© JCGF

乗船実習

乗船実習とは…

　海上保安官には、機動力の源となる巡視船艇を自在に操る技術、そして海上で発生する諸現象に精通するプロとしての能力が求められます。海上勤務時に乗船する巡視船艇の運航業務を果たせるよう航海・機関・情報通信の専攻に応じた配置で現場に則した船上訓練を行うのが乗船実習です。

練習船こじま
総トン数	2,950トン
全　　長	115メートル
幅	14メートル
深　　さ	7.3メートル
速　　力	約18ノット

国内航海実習

　練習船こじま等に実習生として乗船し、日本全国の沿岸や近海の国内航海を経験します。

本　科	1学年：九州、四国及び近海
	3学年：瀬戸内海、本州、北海道、四国、九州、南西諸島沿岸や近海
	4学年：瀬戸内海、本州南東岸、四国、九州沿岸や近海
初任科	1年目：瀬戸内海、本州沿岸ほか
	2年目：瀬戸内海、本州沿岸ほか（2年目は特修科に編入）
研修科	：九州、四国および近海

遠洋航海実習

　遠洋航海では未知の大洋を経験し、寄港地での文化や生活に直接触れることによって見聞を広めます。現地の海上保安機関や市民との国際交流を通じて国際感覚も養います。

専攻科	寄港地：サンフランシスコ、（パナマ運河）、ニューヨーク、ピレウス（ギリシャ）、シンガポール、ダナン（ベトナム）など。

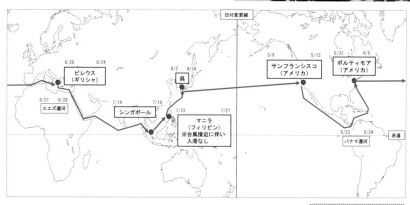

航海日数：101日間（外地寄港日含む）
総行程距離：約25,000海里

インタビュー

海上保安大学校の生活って、どんなだろう!?

Ⅰ群（航海）　小寺　佑

Ⅱ群（機関）　荒川　颯汰

Ⅲ群（情報通信）　和田　栞

——海上保安大学校を志望した理由を聞かせてください。

荒川：海上保安大学校のことは兄の影響で以前から知っており、卒業後に大学校で学んだことを、直接仕事に生かせるところに魅力を感じて志望しようと思いました。また、小学校から高校まで水泳を習っており、泳力に自信があったことも理由のひとつです。

小寺：私は、父親が消防士でしたので、人命救助にかかわる仕事に就きたいと思っていました。高校卒業後の進路を決めるときに、色々な職業について調べていたら海上保安官という仕事を見つけました。海上保安官になるためには海上保安大学校か海上保安学校に入らなければいけ

ないということを知り受験しました。

和田：私は、もともと公安職に興味があり、母が『海猿』のファンだったこともあって海上保安庁のことは知っていました。大学の進学先を決める際は、防衛大学校との迷いもありましたが、試験会場で海上保安官の方々と直接お話する機会があり、その際に制服姿を見て、かっこいい！と思い志望いたしました。

——海上保安大学校の魅力と、自慢できるところを教えてください。

小寺：一般大学に比べると、全寮制である当校は、同期、上級生・下級生との関係が深くなり、この関係は現場に出ても続いていくものだと思う

ので、寮生活を通じて構築できる良い関係が魅力だと思います。

和田：私も寮生活が魅力かなと思います。私たちの年代は、コロナ禍の影響もありましたが、授業・訓練・実習など、いつも同期が周りにいて幸せな環境だったと思います。

——孤独を感じることがあまりなかったということですね。現在の専攻科目を選んだ理由を教えてください。

荒川：専攻科目は、2年の後期から選択するのですが、選んだ群によって卒業後の業務へ直接に影響はないと聞いていたので、自分自身が一番興味をもてる専攻科目を選びました。

小寺：私は、1学年で行った乗船実習の際、Ⅰ群・Ⅱ群・Ⅲ群と全部経験し、自分に合っているのは航海科だと思ったので、Ⅰ群を選びました。

和田：私は、数学と物理が好きで、通信科はそのような授業が多いと聞いていたのでⅢ群を選びました。

——入学前、寮生活に不安を感じることはなかったですか。

和田：最初は不安でした。説明会で色々なお話を聞き、疑問や不安なことを解消できました。担当の方から「最初は不安だけど大丈夫だよ」と教えていただいたことは、大きな心の支えになりました。

——寮生活も4年目ですが、寮生活でよかったなと思うところはありますか。

小寺：寮生活で良かったと思います。規則正しい生活ができ、食事の時間も決まっていて、メニューも充実していますので健康的にも良いことが多いです。また、同期と濃い時間を過ごせました。

風光明媚な海、山に囲まれた環境にある海上保安大学校。写真中央は国際交流センター。煉瓦ホール棟は日本遺産に認定された建築物である。

学生祭（海神祭）

——夏休みなどの長期休暇は、どのように過ごされていますか。

荒川：私は、実家が群馬なのですが帰省する道程で観光しながら帰ります。色々なところに寄りながら各地を観光して過ごしていることが多いかもしれません。

小寺：長期休暇は、始まるタイミングで同期と旅行に出かけ、そのあと実家に帰ります。冬は、同期と一緒にスノボへ行ってから実家に戻っています。

和田：私は、去年まで旅行にはあまり関心がなかったのですが、今年は韓国に行きました。もともと特別研究で韓国について学んでいたので、韓国に行き教官の知り合いの方にお会いしたり、韓国の海洋警察庁へ行きました。

——自由時間は、どのように過ごされていますか。テレビ観たり、談話室でわいわい集まっていることが多いのでしょうか。それとも一人で過ごすことが多いですか？

荒川：談話室に集まることはあまりないですね。毎日の生活なので、「集まろうぜ！」というのはないです。自分が自由に使える時間は多く平日も外出できるので、外で同期などと食事をすることもあります。

和田：ご飯を食べに行ったりもしますが、課題や試験の準備もあるので、自由時間は自習に使ったりすることも多いかなと思います。自習室は使いやすいですよ。

——乗船実習について、乗船前の不安はありましたか。また、印象に残っていること、実際に乗船してみて座学と違ったことはありましたか。

荒川：いちばん苦労したのは掃除です。毎日、船内の点検があり、教官から指摘されることもあるので一日に２回か３回くらいは完璧になるまで掃除をしていました。掃除をしていた記憶はすごく多いです。でもそうすることで船内をよく見ますし、自然と船内の状態を覚えていくので、意味のあることだったと思います。

小寺：訓練や操船実習に関しては、なんとかなるのではと思っていましたが、船酔いして気持ち

耐寒訓練

が悪い状態で操船の実習を行うのは、自分では
きつかったかなと思います。集中力をなくして
はいけないし、でも気持ち悪い…というのは辛
かったです。酔い止めを飲むと多少は違うので
すが、飲むタイミングを間違えると悲惨なこと
になります。そのようなことも含めて、現場に
出る前の訓練なんだと感じました。

和田：日頃の授業の知識などを交えながら判断を
　　　求められることが多く、自分の知識が足りずに
　　　間違った判断をしてしまうこともあり、そこが
　　　難しかったところです。卒業後に指揮者として
　　　乗船する際は、迅速な判断ができるようにしな
　　　ければというのが乗船実習の感想です。

実習船こじま入港

——入学前と比べて成長したと思うところ
はありますか。

荒川：海上保安大学校に入学して、上下関係なく
　　　多くの人と関わり様々な影響を受けて考え方の
　　　視野はすごく広がったと思います。

小寺：多くの人と関わる機会が多いので、コミュ
　　　ニケーション能力が入学前よりは少し上がった
　　　かなと思います。高校時代と比べて、目上の方
　　　への言葉使い、礼儀が身についたと思います。

和田：高校時代に比べて、時間、担当仕事などに
　　　ついて追われることが多くなり、切羽詰まるこ
　　　ともありますが、それらを乗り越えるたびに自
　　　分が成長しているような気がして、楽観的に物
　　　事を考えられるようになったと思います。

救難同好会

——卒業後は、どのような海上保安官にな
りたいと思いますか。

荒川：私はこれまで、先輩の海上保安官をそばで
　　　見て、目指したい先輩方が多くできました。部
　　　下や周りの人たちがついていきたいと思えるよ
　　　うな海上保安官になりたいと思っています。

小寺：私は、潜水士を目指して海上保安大学校へ
　　　入学しました。厳しい選抜もありますが、頑
　　　張って潜水士として現場に出て人命救助に携
　　　わっていきたいと思っています。

和田：私は、海上保安官がかっこいいと思って入
　　　学しました。一般の人から見て、かっこいいと
　　　思われるような海上保安官になりたいなと思っ
　　　ています。

——海上保安大学校を目指す方へ伝えたい
ことをお願いします。

荒川：自分が高校生だったときのことを考えると、
　　　不安はどうしても消えないものだと思うので、
　　　思い立ったら飛び込んでみてほしいです。

小寺：一般大に比べて、厳しい部分はありますが、
　　　海上保安官になりたいという気持ちがあれば厳
　　　しさも乗り越えられますので、ぜひ当校の門を
　　　叩いてください。

和田：私は、祖母に入学を反対されていて、私自
　　　身も最初は、体力面、寮生活に不安もありまし
　　　た。でも、入学後は、その不安は解消されまし
　　　た。それは、自分の時間が作れ、その時間を利
　　　用して走ったり自己トレーニングで努力すれば、
　　　周りに追いつけますので、不安は努力で消える
　　　と思っています。

インタビュー　初任科とはどんなところ？

航海科　有働　瀬南

機関科　浅田　祐市

——お二人とも、大学を卒業後に入庁されていますが、改めて海上保安官になろうと思ったきっかけを聞かせてもらえますか。

有働：子どものころに観ていた『海猿』の影響もあり、人命救助に携わる仕事に就きたいと思っていました。大学3年生のときに就職活動を始めたのですが、消防と海上保安庁で迷い、やっぱり自分に目標を与えてくれた海上保安庁に入庁して人命救助の仕事に携わりたいという理由で当庁に入庁しました。

浅田：きっかけは父が自衛官だったので国にかかわるような仕事がしたいと思っていたこと、祖父が船乗りで小さいころから海の話を聞いていたことでした。また、法学部でしたので、現場

の業務もありつつ政策立案などの業務にも関わりたいと思い海上保安庁を選びました。

——受験対策は何かされましたか。ご自身の体験を教えてください。

有働：私は大学時代バスケ部に所属していて、朝5時半起床、夜10時帰宅の毎日だったのですが、家に帰ってから必ず1時間ほど勉強していました。毎日の積み重ねが、結果につながったのではないかなと思っています。

浅田：筆記試験に関しては、過去問を繰り返し行うのが大切だと思います。ただ、試験は筆記だけではなく面接もありますので、個人的には面接が大事だと思っています。例えば業界分析、

自己分析をしっかり行い、なぜこの仕事でなければだめなのか、なぜ入りたいのかということをしっかりと自分の中で理由付けをすることが何より大切だと感じます。

——乗船実習について、印象に残っていることを教えてください。

有働：私は航海科なのですが、道路で車を運転することとは違って、船は海域ごとによってルールが細かく定められています。細かいルールを覚えながら、かつ操船をするということが初めての経験だったので、非常に大変で頭がパニックになったというのがいちばん印象に残っています。

浅田：座学で学んだ船の構造についても乗船することにより理解を深めることができました。祖父が船乗りでしたので、祖父から聞いていた話を実際に目の当たりにして、納得感を持ったことが印象的でした。深夜に航海当直を終えた後、同期と真っ暗な海を見ながら少し話をして休憩する、というのが1年前には考えられなかったことなので、すごく楽しく満足感がありました。

乗船実習

—入学前より成長したと思うところはありますか？

有働：私自身、海上保安大学校へ入学して、すべてのことが未知の領域だったのですが、以前に比べたら、受け身ではなく自分から進んで何事も学ぼうという意識が強くなったと思います。

浅田：責任感が強くなったことが、いちばん変わったことだと思います。国家公務員であること、また教官、同期、先輩と人間関係を作ろうと思うと、責任感を持つことや有言実行であることなどの基本的なことに関しては、これまでの大学生活とは違うので成長したなと思います。

課業へ向かう学生・研修生

——卒業後、どんな海上保安官になりたいですか？

有働：私自身が『海猿』にあこがれて入庁したので、特殊救難隊へ志願して、一人でも多くの人命を救助したいと思っています。

浅田：私は、入庁前の大学で法学部に所属しており、政策立案の仕事に憧れがありますので、そのような業務に携われるように、幅広い知識と視野をもった海上保安官になりたいと考えています。

—これから海上保安官を目指す人にひとことお願いします。

有働：初任科は、年齢もさまざまで、いろいろな知識や経験をもった人が来ているので、海上保安官として成長するだけではなく、人間として互いに成長できる環境ではないかなと思います。ぜひ初任科で一緒に歴史をつくっていきましょう。

浅田：職業を選ぶときに自分が知っている仕事を選びがちだと思いますが、海上保安庁はさまざまな職種がありますし、船に乗るというのは普通の生活にはないことです。一歩踏み出して海上保安庁を目指してみませんか。

艇庫のようす

三石寮屋上からの景色

学生生活 — 海上保安大学校の1日

起床／整列・体操・掃除	朝食	旗章掲揚	課業整列	授業／訓練	昼食
6:30	7:10	8:00	8:20	8:45	12:00

体育部活動

体育部：端艇部　逮捕術部　剣道部　柔道部
　　　　水泳部　テニス部　サッカー部
　　　　バスケットボール部　野球部　ヨット部
　　　　ラグビー部　女子バレーボール部　など

課外活動

課外活動：法学系ゼミ（行政法など）　救難同好会
　　　　　学生音楽隊　邦楽部　茶道同好会
　　　　　応援団　など

　体育部活動は全学生が参加し、学生が自主的に運営し日々の体力向上に努めています。大会や遠征等もあり、他大学等との交流も盛んです。また、一般大学と同様に文化・ゼミ・同好会活動等も活発に行われています。

授業／訓練授業→終了後体育部活動	夕食・入浴・外出許可	自習時間	帰校門限	消灯
13:00	**17:15**	**19:00**	**22:15**	**22:30**

年間主要行事

☞年間行事をさらに詳しく知りたい場合には下記にアクセス！
https://www.jcga.ac.jp/gakusei/nenkan/index.html

月	行事	月	行事
4月	入学式 登山（オリエンテーション） 練習船こじま出港式	10月	園児招待
5月	寮内点検	11月	特別研究発表会 総合指揮訓練
6月	学生祭（海神祭） オープンキャンパス、被服点検 総合指揮訓練、学生国際会議	12月	寮内点検 被服点検
7月	遠泳訓練 海外研修	1月	耐寒訓練
8月	練習船こじま帰港式 オープンキャンパス	2月	総合指揮訓練
9月	帆走巡航	3月	卒業式・修了式

© JCGF

https://www.kaiho.mlit.go.jp/school/

1 現場業務のスペシャリスト、海上保安官を育成

2 幅広い年齢層から多くのことを学べる寮生活

3 入学と同時に国家公務員として採用、福利厚生も充実

　海上保安学校は、海上保安庁の各分野における専門の職員を養成する教育機関です。学生は採用試験申込時に4つの課程からいずれかを選択します。

　三方を舞鶴湾に囲まれた静かで美しい環境の中にあり、海上保安業務に必要な学術と技能の習得、併せて心身の錬成を行い、実践に即応できる海上保安官の育成を目的に設置されました。

　卒業後は巡視船艇の乗組員等に配属され、能力や適性に応じ特殊任務を行うスペシャリストになる道もあります。

※課程やコース等は年度によって変更になる場合があります。詳しくは人事院または海上保安庁のホームページでご確認ください。

航空課程
管制課程
海洋科学課程
22、23ページへ

受験資格

高卒後12年未満まで（詳しくは51ページ）
令和2年度採用試験から受験可能年齢を拡大しました。

一般課程

巡視船を主とする様々なフィールドで活躍する

教育体系

　採用後は、航海コース、機関コース、通信コース、主計コース、航空整備コースに分かれ、4月から（10月入校期は10月から）舞鶴で、海上保安学校生として1年間の教育を受けます。なお、2024年度海上保安学校学生（特別）採用試験は「船舶運航システム課程」（航海コース・機関コース・主計コース・整備コース）で実施します。2024年度秋の試験から「船舶運航システム課程」は「一般課程」へ「整備コース」は「航空整備コース」に名称変更します。

教育内容

　船舶の運航や航空機の整備などに必要な知識・技能及び海上犯罪取締り等に必要な知識を習得します。

卒業後の進路

　巡視船艇等に乗り組み、船舶の運航（航海コース）、機関の運転整備（機関コース）、通信運用・保守（通信コース）、調理経理等（主計コース）、航空基地やヘリコプター搭載型巡視船での航空機の整備（航空整備コース）などの業務を担い、領海警備、海難救助、海上犯罪の取締り、海上交通の安全確保、海上災害及び海洋汚染防止等の警備救難業務にあたります。また、海上保安部署等の陸上事務所勤務もあります。

航空課程

日本の海を空から守る
海上保安庁のパイロット

教育体系

採用後は、4月から舞鶴で、海上保安学校学生として1年間の教育を受けます。

教育内容

海上保安官の航空機のパイロットになるための基礎教育を習得するとともに、海上犯罪取締り等に必要な知識を習得します。

卒業後の進路

卒業後は、固定翼要員（北九州航空研修センター）と回転翼要員（海上保安学校宮城分校）に分かれて、引き続き航空機操縦要員として必要な知識・技能を習得するための研修を受けた後、航空基地等に配属され、航空機による海上犯罪の取締りや海難救助等の海上保安業務に従事するとともに航空機の運航にあたります。

管制課程

日本の海上交通の安全を支える
海の管制官

教育体系

採用後は、4月から舞鶴で、海上保安学校学生として2年間の教育を受けます。

教育内容

海上を行き交う船舶の動静を把握し、航行管制や情報の提供を行う海上保安官を養成するため、船舶の運航ルールや海事英語等の専門的な知識・技能を習得します。

卒業後の進路

卒業後は、全国に7つある海上交通センターのいずれかに勤務し、航行船舶の動静を把握、船舶の安全な航行に必要な情報提供等の勤務にあたります。また、巡視船や海上保安部交通課等に勤務し、海上保安業務にあたります。

海洋科学課程

海の探求者、海洋科学の
プロフェッショナルとして活躍する

教育体系
　採用後は、4月から舞鶴で、海上保安学校学生として**1年間**の教育を受けます。

教育内容
　航行の安全を確保するために必要な様々なデータを収集・解析し、提供する海上保安官を養成するため、海洋の科学的資料の収集・解析に必要な知識・技能を習得します。

卒業後の進路
　卒業後は、本庁、管区本部、測量船等に勤務し、海洋観測、測量、海図の作成等の業務にあたります。

特殊業務への道

　一般課程（航空整備コースを除く）の学生は、一定期間の勤務の後、本人の希望と適性によって選抜され一定期間の研修を経て、
　○潜水士、特殊救難隊、機動救難士
　○国際取締官（ロシア語、韓国語、中国語等の通訳業務等）
　○航空機の通信士
などの職種に進むチャンスもあります。

幹部登用への道

　海上保安学校卒が幹部要員（課長以上）に昇進するには、所定の実務経験を積んだ後（在職3年以上が目安）、選抜試験を受けて海上保安大学校特修科（1年課程、上級資格所有者は6か月課程）に進むことにより、幹部へ登用される道が開かれています。特修科選抜には高卒・大卒による有利不利はありません。
＊40ページ掲載のキャリアアップモデルコースのチャート参照。

カリキュラム

課程	一般課程(1年)					航空課程 (1年)	管制課程 (2年)	海洋科学課程 (1年)
	航海 コース	機関 コース	通信 コース	主計 コース	航空整備 コース			
教育内容 (共通)	【基礎教養】英語、情報処理、体育、基本動作、小型船舶操縦、乗船実習、総合実習、訓練							
	刑法、刑事訴訟法、海上警察、救難防災、海上環境							
教育内容 (課程、 コース別)	航海 運用 海事法 気象・海象 など	機関 電気機器 海事法 など	通信実技 情報通信 電気機器 基礎電子工学 英語など	主計 (総務、 経理、補給、 船舶衛生) 調理 など	整備 機体 発動機 航空英語 航空法 など	数学 物理 気象・海象 航空通信運用 海上航空業務 船舶概要論など	情報通信 航行安全 管制業務機器 海事一般 シミュレータ業務 英語など	数学 基礎科学 海上安全業務 気象・海象 海洋情報業務管理 測量 水路図誌編集など

★取得できる資格・免許

一般課程

航海コース

- 四級海技士（航海）の筆記試験
- 五級海技士（航海）の筆記試験※
- 一級海上特殊無線技士
- 二級陸上特殊無線技士
- 一級小型船舶操縦士
  ※履修により免除

機関コース

- 四級海技士（機関）の筆記試験
- 五級海技士（機関）の筆記試験※
- 一級海上特殊無線技士
- 二級陸上特殊無線技士
- 一級小型船舶操縦士
  ※履修により免除

通信コース

- 三級海上無線通信士
- 航空無線通信士
- 二級陸上特殊無線技士
- 一級小型船舶操縦士
  ※卒業後、4カ月間の研修で第二級陸上無線
  技士を資格取得

主計コース

- 船舶料理士※
- 船舶衛生管理者
- 一級海上特殊無線技士
- 二級陸上特殊無線技士
- 一級小型船舶操縦士
  ※卒業後一定の条件を満たすこと
  により取得

航空整備コース

- 一級海上特殊無線技士
- 二級陸上特殊無線技士
- 一級小型船舶操縦士
  ※卒業後、2年間の現場経験を経た後、海上保安学校宮城
  分校にて約1年2カ月の研修で二等航空整備士（回転
  翼）を資格取得

管制課程

- 三級海上無線通信士
- 二級陸上特殊無線技士
- 一級小型船舶操縦士

海洋科学課程

- 一級海上特殊無線技術士
- 二級陸上特殊無線技術士
- 国際水路測量技術者
- 一級小型船舶操縦士

航空課程

航空無線通信士　一級小型船舶操縦士
※卒業後、回転翼（ヘリコプター）要員は、海上保安学校宮城分校にて1
年8カ月、固定翼（航空機）要員は北九州航空研修センターにて約2年
の研修を経て、資格取得。

© JCGF

乗船実習

練習船みうら
総トン数　3,000トン
全　　長　115メートル
幅　　　　14メートル
速　　力　18ノット以上

　学生は、それぞれの海上保安分野で巡視船艇のプロフェッショナルとなることを目指し、また、海上でのいかなる諸条件においても対応できるように練習船「みうら」などに乗船し、本州沿岸海域等を航行し、様々な訓練を船上で行います。

インタビュー

海上保安学校とは
どんなところ？

船舶運航システム課程
航海コース
関根　至恩
せきね　しおん

船舶運航システム課程
機関コース
亀島　知起
かめしま　ともき

船舶運航システム課程
主計コース
山出　真央
やまで　まお

航空課程
畑中　大樹
はたなか　だいき

情報システム課程
岸本　祥生
きしもと　よしき

管制課程
山口　百香
やまぐち　ももか

海洋科学課程
宗田　尚人
むねだ　なおと

——海上保安学校を知ったきっかけと志望動機を聞かせてください。

関根：東日本大震災の際の救助活動を見たことで、海上保安官という仕事を知りました。出身が北海道なので、知床での遊覧船の事故をきっかけに本格的に海上保安官になろうと思い、海上保安学校を目指しました。

亀島：『海猿』を観て人命救助に進みたいと思っ

ている中、友だちの弟を水難の事故で亡くした
ことが決定打になりました。あの時助けられな
かった悔しさと、友人の大切な人を失ってし
まったという思いが、救難・救助の道を選んだ
きっかけです。

山出：幼いころに観た『海猿』にあこがれて、海
上保安学校を目指しました。女性の潜水士がい
ないことを知り、体力には自信があるので、潜
水士になりたいと思っています。

畑中：もともとパイロットになりたいという夢が
あったのですが、なかなか形にできずにいまし
た。地元で海のライフセーバーのボランティア
をしていた時に、過去に CL 型巡視艇の船長を
されていた方から、海上保安学校には航空課程
があってパイロットになることもできるという
ことを教えていただきました。海も大好きでし
たので、現場で活躍できる海上保安官として、
パイロットとして、大好きな海と空を仕事にで
きる、と思い志望しました。

岸本：自分が通っていた専門学校の OB には海上
保安官の方が多く、専門学校の OB が勤務して
いる堺海上保安署から近いということもあり、
よく話に来られていました。自分は一度、溺れ
た経験があって海が得意ではなかったのですが、
OB の方たちの話を聞くたび、溺れて亡くなっ
てしまう人を一人でも多く助けたいと思うよう
になりました。泳ぎが苦手だからこその目線で
見える部分もあると思い志望しました。

山口：大学生時代、地元でおこなわれていた公務
員の合同説明会に参加した際に、女性職員に声
をかけていただいたことがきっかけです。海上

保安庁は男性社会と思っていたのですが、女性も働けるフィールドが整いつつあると聞いて、あこがれを抱くようになりました。

宗田：父が海上保安官であったことがきっかけです。幼い頃、父が乗っていた測量船を見学したことがありました。そこで父が海洋の専門技術や知識を活かして国民の安全を守っている姿にあこがれ、私も父のように海を守り、人々の安全を守りたいと思い、海上保安学校を目指しました。

——各コースまたは課程を選んだ理由について聞かせてください

関根：航海士として船を運航して、最終的には船長になりたいと思い、航海コースを志望しました。

亀島：小さい頃から自転車の整備や機械いじりが好きだったので、自分の好きな分野であこがれの職業に近づけるのであれば、機関コースがいちばんかなと思い選びました。

山出：もともと料理が好きだったので、食の大切さや魅力、健康に与える影響を学んで、乗組員の健康やモチベーションを支えられる人材になりたいと思い主計コースを志望しました。

山口：船が得意ではなかったので、陸上勤務で働けるということと、船乗りの方の「女性の方が声が高いため、無線で聞き取りやすい」という意見があると聞き、管制課程を選びました。

宗田：父と同じ道に進んで一緒に仕事をしたかったことと、海洋調査による海の解析や地底・地形観測などの技術や専門知識を活かして海を知り、自然災害から人々を守りたいと思い、海洋科学課程を選びました。

岸本：高校の時にアメリカへ渡航する交流学習があり、英語が話せるようになりました。無線で外国船と通信するときは、基本的には英語での通信になります。自分の経験を活かし、もっと成長できると思い情報システム課程を志望しました。

畑中：パイロットになりたい、空を飛びたいという夢がありましたので航空課程を選びました。

——全寮生活の魅力について教えてください。

亀島：海上保安学校の寮は、船内居住をイメージしているので、集団生活に慣れることは現場に出たあとの勤務環境への事前練習にもなります。また自己管理能力、リーダーシップのスキルを培うことができると思います。

山口：さまざまな社会経験を積んだ人たちと価値観を分かち合うことで、人として視野が広がると思います。

山出：幅広い年齢の学生がいるので、色々な視点の考えを学ぶことができます。また先輩から教わったことを後輩に伝えていくということが、寮生活で自然と行われているのが良いところです。

——授業の中で自分がいちばん得意なもの、または魅力的なものについて教えてください。

山口：授業で外国船役と管制官役に分かれ、外国船役に情報提供をして表現が通じたとき、正しい情報提供ができたときにとてもやりがいを感じます。

宗田：遠泳訓練が魅力的だと思います。遠泳は仲間との団結力が向上し、信頼が強くなります。仲間と助け合いながら完泳できれば達成感を得ることができます。

岸本：無線を使って、巡視船役と陸上海岸局役と貨物船役に分かれて通信する授業では、自分にはない視点を同期から学ぶこともでき、現場に直結する魅力的な授業だと思います。

亀島：船で使われている発電機や機器、ポンプ類の計測、また配管に穴が開いたときの対処法など、船で実際に行われている作業を学べるのがとても楽しいです。

畑中：端艇の授業では、一つの目標に向かってみんなで声を出して、タイミングを合わせてオールを漕ぎ、得難い一体感を感じることができるのが魅力です。

——乗船実習でいちばん印象に残っていることについて教えてください。

関根：交通三法のルールに則って操船する現場の

先輩方の姿が印象に残っています。輻輳海域や狭い海峡（自分たちが通ったところでいえば、関門海峡、来島海峡）は非常に交通量が多く、本当にぶつかるんじゃないかと思うような距離で通航する海域もあり、座学では学べない現場を実感することができました。

岸本：東南アジア系の英語は訛りがあり、想像していたよりも聞きづらく、自分が思っている英語とはちょっと違ったので、もっと現場の英語も勉強しようと思いました。

山出：熱々の汁物が入った重い寸胴や熱せられた鉄板を船内で運ぶのは、安全面だけではなく、乗組員の食事がなくなるというプレッシャーがあって、大きく揺れる船面と陸上の大きな違いだと思いました。

畑中：乗船実習で航空機離発着船訓練というものがあり、ヘリコプターの離着船を見学しましたが、着船の際には航海・機関・通信・主計科などの乗組員全員で放水銃、救難艇を準備したり、甲板上の柵を倒したりと、しっかりと手際よく準備するというのを見て、チームワークの大切さを実感し、とても印象に残っています。

──入学前と比べて、自分自身に変化はありましたか。

亀島：自己管理能力が身についたと思います。洗濯、清掃、身支度など、入学時より自分自身で管理できるようになり、成長できたと思います。

宗田：入学前は、初めての寮生活や年齢層の違い、体力面など、不安と緊張がありましたが、仲間と365日過ごすなかで、規則正しい生活が身につき、自然と助け合いや交流が生まれて、今ではこの環境にとても感謝しています。

──卒業後、どのような海上保安官になりたいですか。

関根：現場の第一線の海上保安官として、日本の領土・領海を守り、国民の期待に応えられるような海上保安官になりたいです。

亀島：自分の地元である徳島は南海トラフで大きな被害が出ると予想されている県です。自分は救難艇の道に進みたいと思って海上保安官を目指したので、災害現場で人命救助に携わってい

きたいです。かっこいいね、と言ってもらえる
海上保安官になりたいと思います。

山出：正しいことは正しい、悪いことは悪いと胸
を張って言える海上保安官になりたいと思って
います。女性は男性に比べれば非力なように見
えるかもしれませんが、身だしなみ、言動から
己を律し、国民に安心していただけるような海
上保安官になりたいと考えています。

岸本：自分は将来、航空通信士の道を目指してい
るので、海難があったときに通信をしっかり伝
えられるよう、責任をもって仕事をしていきた
いと思っています。

山口：指示待ち人間ではなくて、自分で考えて積
極的に動く人材になるということ、管制官とし
て、自分の言葉に責任を持って、海上交通セン
ターから安全な海上交通の運営に寄与できるよ
うに頑張っていきたいと思います。

宗田：海洋科学課程は卒業後、地震、プレートの
測量によってデータ解析し、海図作成などの業
務を行いますが、自分の仕事で航海の安全や、
自然災害の予測が遅れて影響を及ぼしてしまう
ことのないよう、海洋科学の技術や知識を身に
つけて、信頼される海上保安官になりたいと思
います。

畑中：他の科の職員としっかりと連携をとって仕
事ができる海上保安官になりたいです。地上や
対応にあたっている他の巡視船等では、どう
いった情報を知りたいのか、どういった動きを
してほしいのか、などをしっかりと考えて行動
できるパイロットになりたいと思っています。
在学中には他の課程の人たちと横のつながりを
しっかりもって、現場や同期から信頼されて、
「彼なら任せられる」と思ってもらえるような
海上保安官になりたいと思っています。

学生生活　　海上保安学校の１日

起床／整列・体操・掃除	朝食	旗章掲揚	課業整列	授業／訓練
6:30	7:25	8:00	8:15	8:30

体育部活動

体育部：端艇部　逮捕術部　剣道部　柔道部
　　　　空手部　綱引部　水泳部　野球部　卓球部
　　　　テニス部　サッカー部　ラグビー部
　　　　バレーボール部　バスケットボール部
　　　　ハンドボール部　ソフトボール部
　　　　バドミントン部　マルチトレーニング部

課外活動

課外活動：音楽隊　太鼓班　写真班　など

　授業の中には補課活動があり、全学生がいずれかの体育系各部に所属し、日々の体力向上に努めています。様々な課外活動も行われ、教官や地元との交流を深めています。

昼食	授業／訓練→終了後体育部活動	夕食・入浴・外出許可	自習時間	帰校門限	消灯
12:05	**12:50**	**17:30**	**20:00**	**22:15**	**22:30**

年間主要行事

月	行事	月	行事
4月	入学式	10月	入学式 （船舶運航システム課程10月入校期）
5月	行軍訓練	11月	
6月	基本動作競技会	12月	早朝訓練 早朝訓練競技会
7月	学生祭（五森祭） 遠泳訓練	1月	
8月		2月	基本動作競技会
9月	卒業式 （船舶運航システム課程10月入校期）	3月	卒業式

© JCGF

5 海上保安学校 門司分校

〒801-0802 北九州市門司区白野江3-3-1 ☎093-341-8131

https://www.kaiho.mlit.go.jp/school/moji/

船艇・無線・航空の有資格者を対象として即戦力を養成

　海上保安学校門司分校は、主に有資格者（海技免状等）採用試験により新たに採用された職員を対象として、海上保安官として必要な研修を行う教育機関です。また、職員の資質と技能向上を図るための各種業務研修も行います。

　採用と同時に海上保安庁職員（国家公務員）となり、国土交通省共済組合員として、各種の社会保険が受けられます。

船艇職員（航海・機関）

研修修了後は、海上保安学校一般課程（航海コース・機関コース）と同様、巡視船艇に乗り組み、海難救助等の海上保安業務を担い、主に船舶の運航業務にあたります。また、海上保安部署等の陸上事務所に勤務する場合もあります。

無線従事者（通信・技術）

研修修了後は、海上保安学校一般課程（通信コース）と同様、巡視船艇、航空基地又は海上交通センター等（※）に通信科職員として配属され、海難救助等の海上保安業務を担い、巡視船艇等の通信士や海上交通業務にあたります。

※ 陸上無線技術士のみを受有する方は巡視船で勤務することはできません。

航空機職員（飛行・整備・航空通信）

研修修了後は、主に航空機による海上犯罪の取締りや海難救助等の海上保安業務を担い、航空機の運航や整備・通信業務にあたります。

受験資格
年　齢：採用日に61歳に達していない者
学　歴：船艇職員は不問、無線従事者・航空機職員は高等学校卒業以上
必要な資格：受験時に次の資格を有する者

©JCGF

（船 艇 職 員）五級海技士（航海）以上。五級海技士（機関）以上
（無線従事者）一級または二級総合無線通信士。一級・二級・三級海上無線通信士。一級または二級陸上無線技術士
（航空機職員）飛行機または回転翼航空機の事業用操縦士資格（国土交通省交付のもの）以上の技能証明と第一種航空身体検査証明書をもつ航空無線通信士、または一級、二級総合無線通信士。
飛行機または回転翼航空機の航空整備士、または航空運航整備士（国土交通省交付のもの）。

研修体系
採用後は、海上保安学校門司分校で、6か月間の教育を受けます。

研修内容
海上保安官として船舶の運航に必要な知識・技能や海上犯罪取締り等に必要な知識を習得します。

カリキュラム

教 科 目	授 業 科 目
訓育・訓練	訓育、体育、制圧、基本動作、武器操法、救急安全学
法　　学	法学概論、国家公務員法、海上保安庁法、国際法、刑法、刑事訴訟法
海上保安学	海上交通、海上環境、海難救助・海上防災、巡視船艇・航空機運用、海上警備、海上取締、海上犯罪捜査、鑑識、業務運用（共通・科別）
乗 船 実 習	約1週間

6 海上保安官の待遇・キャリア

海上保安大学校・海上保安学校学生の待遇

身　分

○採用とともに、国家公務員としての身分が付与されます。
○国家公務員となりますので、副業を行うことはできません。

社会保障

○国土交通省共済組合員としての保険が適用され、各種社会保障も充実しています。

厚　生

○寮内の医務室に看護師が勤務し、保健指導と診察を受けられます。
○寮内に売店、理髪店もあり、利用できます。

給　与

○海上保安大学校（本科）、海上保安学校は毎月約15万円の給与が支給されます。
○海上保安大学校（初任科）は、毎月約19万円の給与が支給されます。
○また、6月と12月には期末・勤勉手当（ボーナス）も支給されます。

授業料等

○入学金、寄付金、授業料は一切不要です。
○制服や生活に必要な寝具類は全て貸与されます。

休　日

○週休2日制で、原則 土・日・祝日は休日となります。
○金・土曜日の夜など、休日の前日は外泊も可能です。（許可制）
○夏季、冬季、春季には長期休暇もあり、この間は全学生が実家に帰省等します。
　　海上保安大学校：夏季：4週間、冬季：2週間、春季：3週間
　　海上保安学校：夏季：2週間、春・秋・冬季：各1週間

現場配属後（海上保安官）の待遇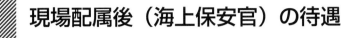

勤務時間・休暇

○週休2日制
○巡視船艇勤務の場合は、不定休。陸上勤務の場合は、基本的に土日・祝日が休日。ただし、勤務先によって変わることもあります。
○緊急対応等のために休日出勤もあります。ただし、この場合は、代休または手当が支給されます。
○その他の休暇制度
　　年次休暇（年20日、20日を限度として翌年に繰り越し可）
　　特別休暇（結婚、出産、忌引、夏季休暇、ボランティアなど）
　　病気休暇（負傷、疾病による場合）
　　介護休暇・育児休業

給　与

○他の国家公務員と同様に法律で定められ、その職種によって一般事務職に適用される行政職や警備救難等の業務に従事する職に適用される公安職の俸給表により支給されます。大半の海上保安官は公安職の俸給表の適用を受けており、一般の国家公務員と比較すると高めの給与となっています。
○特に巡視船艇や航空機に乗り組む海上保安官や特殊救難隊等に所属する海上保安官には、その職務の特殊性によりさらに俸給の調整額が支給されます。
○その他、業務に応じた特殊勤務手当が支給されるほか、期末・勤勉手当（ボーナス）が支給されます。

公務員宿舎の貸与

○全国各地に設置されている国家公務員宿舎が、公務上必要な職員には貸与されます。

健康管理

○全国の主要都市やその周辺には国家公務員共済組合連合会直営の病院が整備されています。管区海上保安本部等に診療所もあり利用できます。
○年1回以上の定期健康診断（または人間ドック）が実施され、病気の早期発見、早期治療に努め、職員の健康管理が行われています。万一、公務上の災害、または通勤による災害を受けたときには、国家公務員災害補償法に基づく補償を受けられます。

貸付制度

○急に必要となった臨時の支出（結婚、進学、医療、災害等）や住宅を新築・増改築する際の資金を借りられます。

給付制度

○病気・負傷等の場合には、医療費等の一部支給が、出産等の場合には、出産費の給付があります。また、国家公務員共済組合法に基づく、老齢厚生年金や障害厚生年金等の給付もあります。

宿泊保養施設

○主な保養地や有名都市には、国家公務員共済組合連合会等が経営する宿泊保養施設があり利用できます。

女性職員活躍推進への取組み

© JCGF

夫婦同居への配慮

　配偶者の異動による別居の解消に向け、配偶者勤務地付近の部署、または船艇への異動等、夫婦同居が可能となるよう配慮しています。

新造船の建造時における女性諸室の整備

　新巡視船の建造に際しては、女性諸室（風呂、便所、洗濯室）における機器や家具、手すりの配置等について、実際に巡視船艇で勤務する女性職員からの意見を参考にして、女性職員の視点に立った施設整備を実施しています。

マタニティ服の制作と運用

　2018（平成30）年4月から、妊娠期間に制服を着用する職員に対し、マタニティ服（下写真）を貸し出しています。

本庁及び各管区における女性研修等

　職員の意識改革や学生に対する研修、人事担当者とのキャリア面談を実施しています。

仕事と家庭の両立支援制度の利用促進

　管理職員をはじめ、各職員に対する両立支援制度紹介、配偶者等の出産予定日が近づいた男性職員に対する、男の産休・育児休業など、両立支援制度の利用を促進しています。

海上保安庁で活躍する女性職員

　1979（昭和54）年から女性海上保安官の採用を開始し、特に近年は積極的に女性職員の登用拡大を図っています。2023（令和5）年4月1日現在、1,316人（全職員の9.0%）の女性職員が全国各地で活躍中です。その職種も国際捜査官、鑑識官、運用管制官、飛行士（パイロット）、整備士などの専門技術を駆使する職種から、海上保安部長や巡視船船長など、重責を担う幹部職まで多岐にわたっています。

女性職員数の推移と割合

	2014	2015	2016	2017	2018	2019	2020	2021	2022	2023
女性職員数（人）	733	782	843	865	918	979	1066	1164	1251	1316
女性職員の割合（%）	5.5	5.8	6.2	6.3	6.6	6.9	7.4	8.1	8.6	9.0

女性職員数（人）　女性職員の割合（%）

インタビュー

岸和田海上保安署
巡視艇あやめ航海士補
石田奈津
(いしだなつ)
船舶運航システム課程卒業

> 令和2年に保安学校を卒業後、兵庫県姫路市にあるPC型の巡視艇に配属され、今年の4月から
> CL型巡視艇「あやめ」航海士補として、おもに湾内を巡回し取締りをおこなっています。

——船内で特に女性に配慮されていると思う設備はありますか。

　大きな船であれば女性専用の女性諸室があり、浴室・トイレ・洗濯室が完備されています。小さな船であっても男性用と女性用でトイレが2つ配備されています。

——女性職員が少ないイメージの海上保安庁ですが、実際の印象はいかがでしたか。

　海上保安庁の全職員は約1万4,000人で、そのうち女性職員が約1,000人ですので、数だけで見ると圧倒的に少ないですが、実際に入ってみると、配属される各保安部署には必ず数名の女性職員がいますし、徐々に女性の割合も増えてきているので、働きにくいと感じたことはありません。

——海上保安学校に入学したときはどうでしたか。

　腕力など、女性にできないことがあれば男子学生がサポートしてくれました。救難訓練でのライフゼムや消防ホースを持つ際に、重くて一人では作業がしづらかったときに支えてくれたりしたので、とても助かりました。

——女性ならではの視点や気づきを仕事に活用されたことはありますか。

　男性職員は女性職員に比べて力や体力があるため、作業を迅速に終わらせられる反面、安全面に対してごくまれに油断が生じることがあります。たいていの場合は危険なく作業を終わらせることができますが、そういったときこそ女性目線で安全に対する助言をできることもあります。また、女性の参考人を取り調べる際などには、寒さや乾燥に留意し室内の温度管理などにも気を配っています。

——海上保安官を目指す女性に一言お願いします。

　いまは船艇、陸上問わず、さまざまな配置で女性海上保安官が活躍しており、男女問わず自分の夢が叶えられる仕事だと思います。また、女性の意見を取り入れた施設が完備されてきていますし、悩み事や不安があれば気軽に相談できる環境も整っていますので、安心してください。また、性別に関係なく、努力とやる気さえあれば、誰もがやりがいや誇りをもてる仕事です。安心して海上保安官を目指してもらえたらなと思います。

キャリアアップモデルコース

海上保安大学校（本科）卒業生の進路

※モデルコースは一例であり、個人の能力、適性等によって異なります。

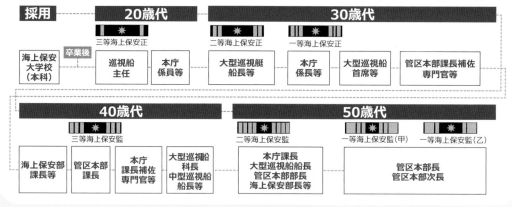

採用	20歳代		30歳代			
	三等海上保安正		二等海上保安正	一等海上保安正		
海上保安大学校（本科） → 卒業後	巡視船主任	本庁係員等	大型巡視艇船長等	本庁係長等	大型巡視船首席等	管区本部課長補佐専門官等

40歳代				50歳代		
三等海上保安監				二等海上保安監	一等海上保安監（甲）	一等海上保安監（乙）
海上保安部課長等	管区本部課長	本庁課長補佐専門官等	大型巡視船科長中型巡視船船長等	本庁課長大型巡視船船長管区本部部長海上保安部長等	管区本部長管区本部次長	

特修科（海上保安大学校（初任科）を含む）修了生の進路

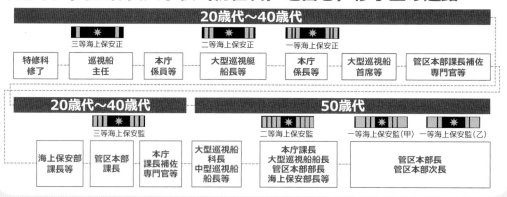

20歳代〜40歳代						
三等海上保安正			二等海上保安正	一等海上保安正		
特修科修了	巡視船主任	本庁係員等	大型巡視艇船長等	本庁係長等	大型巡視船首席等	管区本部課長補佐専門官等

20歳代〜40歳代			50歳代		
三等海上保安監			二等海上保安監	一等海上保安監（甲）	一等海上保安監（乙）
海上保安部課長等	管区本部課長	本庁課長補佐専門官等	大型巡視船科長中型巡視船船長等	本庁課長大型巡視船船長管区本部部長海上保安部長等	管区本部長管区本部次長

海上保安学校卒業生の進路（一般課程の例）

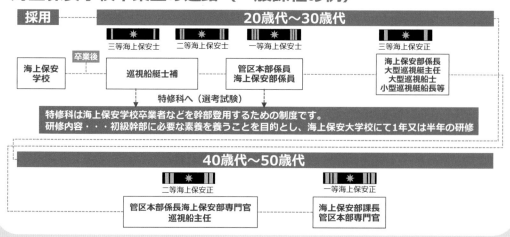

採用	20歳代〜30歳代			
	三等海上保安士	二等海上保安士	一等海上保安士	三等海上保安正
海上保安学校 → 卒業後	巡視船艇士補		管区本部係員海上保安部係員	海上保安部係長大型巡視艇主任大型巡視船士小型巡視艇船長等

特修科へ（選考試験）

特修科は海上保安学校卒業者などを幹部登用するための制度です。
研修内容・・・初級幹部に必要な素養を養うことを目的とし、海上保安大学校にて1年又は半年の研修

40歳代〜50歳代	
二等海上保安正	一等海上保安正
管区本部係長海上保安部専門官巡視船主任	海上保安部課長管区本部専門官

最前線で働く　海上保安官の声

第十管区宮崎海上保安部巡視船きりしま

航海長・砲術長／特修科終了　藤ヶ崎 知美（ふじがさき ともみ）

主任機関士／海上保安大学校（本科）卒業　伊熊 滉平（いくま こうへい）

——それぞれ自己紹介をお願いします。

藤ヶ崎：巡視船「きりしま」航海長／砲術長の藤ヶ崎知美（ふじがさきともみ）です。現在は、日々の船全体の業務調整や保安部との運用調整を行う他、救難事案が発生した際は対応にかかる指揮・調整を行います。また、救難関係、武器関係の訓練の指揮監督、航海科の所掌する設備の造修等も担当しています。

伊熊：巡視船「きりしま」主任機関士の伊熊滉平（いくまこうへい）です。機関長の補佐と、油関係の事務や機関科に関する書類のとりまとめのほか、警務班副班長として本船がかかわる警備実施や取締りなどの船内外の調整、また主任の士として各種訓練、実動における現場の指揮などが主な業務です。

——初任地での印象に残っている事案対応はありますか？

伊熊：初任務の領海警備に係る業務がいちばん印象に残っています。航海当直時に船橋から外を見ると全面に複数の船舶の航海灯が並んでチカチカ光っているなかで何を行動していいのか分からず、必死に周りの方々のサポートを得ながら乗り切ることができました。その航海で「こ

れが現場なんだ」「こういったところで働いていくんだ」と強く思ったことが、今でも印象深いです。

——船での一日のスケジュールを教えてください。

伊熊：停泊の場合は、だいたい7時半ごろに出勤し、制服に着替え、機関室の見回りを行った後、朝会があります。そのあと、船外に出て体操をしたのち、午前の業務を行います。昼食を挟んで、午後の業務というスケジュールです。業務内容は、訓練や整備作業、準備作業等々、その日によって変わってきます。基本的には17時をもって上陸許可がかかり、急務がなければその時点で解散、帰宅の途につくこととなります。航海中は、業務内容や乗組員の人数を考慮して割り振られた航海当直が組まれ、担当の時間は船橋にて業務に当たります。私は機関科ですので、操船以外のこと、おもにレーダーや目視での見張り、機関の遠隔監視、直接機関室に入っての操作等々実施することとなります。

藤ヶ崎：スケジュールは概ね同じです。航海科の私の場合、航海当直中は操船指揮にあたります

ので、操舵、機関操縦桿、レーダー、見張りなどの配置についている他の当直者に対して指示を出し、作業をおこなってもらう、それを監督するのが私の役目です。

——船上で勤務をする上で、重要なこと、欠かせないことはなんですか。

藤ヶ崎：異常を察知する力だと思います。慣れてくるとつい作業を省いたり、確認が疎かになるなどして重大な故障を見落としたり、作業の漏れ・抜けが発生しかねません。船を大事にし良好な状態を維持するということは、任務を的確に遂行するうえで不可欠な条件であり、乗組員の命を守ることにも繋がります。変な音や振動がある、通常あり得ないところに油や水が溜まっている、などの異変を見逃さないことが重要だと思います。

伊熊：自分を含む乗組員の安全確保、身体の安全確保が重要だと思っています。海の上に船がある限りは、船体動揺や騒音、振動、重量物、高温や高電圧の場所、いろいろな危険があるなかで作業にあたりますので、場合によっては大きなケガを負ってしまうこともあります。自分自身はもちろん、ほかの乗組員が危険にさらされるような予兆や、まさにその現場に遭遇したときに、ためらうことなく注意・指摘をし、危険を回避する行動を取ることが重要かつ欠かせないことだと考えています。

——海上保安官としてのやりがいを教えてください。

伊熊：市民の方々にとって、我々海上保安官は警察官ほど身近ではなく、また消防官ほどやっている仕事の分かりやすさがないことから、「何をやっているんだろう」と思われることが多いと自覚していますが、パトロールの声掛け中や、ターミナルでの警戒実施の際に「日本の海を

守ってくれてありがとう」といったような感謝
の言葉をいただくときに、この仕事をやってて
よかったなとやりがいを感じます。

藤ヶ崎：通報を受けて現場に急行し、救難事案等
に対応する時、今まさに誰かが私たち海上保安
官を必要としているんだと強く感じます。PC
型巡視艇の船長をしていたころ、勤務地の離島
で急患搬送の通報がありました。島のなかで対
応できる病院もなく、本土の病院に行くしかな
い、となった際、ヘリコプターも、他の船も使
えず、私たちの乗船していた巡視艇で搬送する
ことになりました。無事に搬送を終え、付き添
いの女性から「本当にありがとう」と深々とお
辞儀をされて強く手を握られた時に、自分たち
にしかできないことなんだと身が引き締まる思
いがしました。

——現場でのヒヤリハットはありますか。

藤ヶ崎：強風のなかで出航操船をしていた際、本
船が係留していた浮き桟橋に衝突しそうになっ
たことがありました。そのときの甲板上の見張
り員や機関操縦盤についていた機関長のフォ
ローもあり、なんとか接触を避けて出港するこ
とができましたが、狭い港内で風に圧流され、
体勢を立て直そうとしていたところ、みるみる
浮き桟橋が船体の至近に迫り、もうだめかなと
いう気持ちが頭をよぎったほどでした。

——座右の銘はなんですか。

藤ヶ崎：「あきらめたらそこで試合終了」ですね。
とある有名な漫画に登場する言葉ですので「試
合」となっていますが、学生時代の部活動に限
らず、社会人になってからも、「もうだめかも
しれない」「もうやめちゃおうかな」と弱気に
なった時に踏ん張って乗り切ってこれたことで
今があるので、この言葉は非常に大事にしてい
ます。

伊熊：「悲観的に準備し、楽観的に対処する」と
いう言葉です。最悪を想定してできる限りの準
備をして臨めば、本番ではリラックスした状態
で冷静に臨むことができるという、私の性にも
合っていて好きな言葉です。

——この職業ならではの癖、任務中でなくてもついついやってしまうことはありますか。

伊熊：よくやってしまうのは、時刻や数字を言う時の言い回しですね。組織内では時刻について特に正確に伝わるように、0（ゼロ）なら「まる」、1（いち）なら「ひと」、2（に）なら「ふた」、7（なな）なら「なな」（「しち」ではなく）というふうに癖がついているので、友人や家族との会話のなかで、「あっ」と……（笑）。

藤ヶ崎：時刻については伊熊さんと一緒ですね。特に保安学校時代には、お店の予約をする時でも「ひとはちさんまる（18：30）」と言ってしまって聞き返されるというのはよくありました。あとは航海科ならではかもしれませんが、道を歩いていて、横から人が来ると横切り船と同じように考えてしまって、右から人が来たら自分が避ける、左から来たら自分はそのまま歩いて左から来た人が避けてくれるかな、と避航船と保持船の関係を意識して歩いている時があって、職業病かなと思います。

——海上保安官を目指す方に一言お願いします。

伊熊：当庁は日本の海という大きな範囲における行政のほとんどを担っているわけですが、その担い手たる海上保安官というのはまだまだ不足していると言わざるを得ません。例えば「日本の海を守りたい」「人の命を救う仕事がしたい」「船に乗って仕事がしたい」「公務員になって安定した仕事がしたい」「身近に同じ職業の人がいてそれにあこがれた」など、当庁に入庁するモチベーションがあることが大切です。「勉強が苦手」「運動神経がよくなくて」という方でも入庁出来るだけの能力さえあれば、その後からする努力で十分にカバーできます。私を含むすべての海上保安官があなたの入庁を待っています。ぜひ頑張っていただきたいと思います。

藤ヶ崎：現場で人命救助をしたり被疑者を逮捕したりということだけが海上保安官の仕事ではなく、それを支える交通管制や、測量、造修、補給といった様々な業務があります。きっとみな

さんに合った業務を見つけることができるはずです。どんな形であっても「自分にしかできないんだ」というものがあり、その一人ひとりのマンパワーが海上保安庁の力になります。ぜひ海上保安庁に入庁して、海の安全、安心をともに守っていきましょう。現場で一緒に働ける日を楽しみに待っています。

日米合同訓練

高速機動連携訓練

第六管区松山海上保安部巡視船いよ

主任機関士／海上保安大学校（初任科）卒業　勝野　恵太

——自己紹介をお願いします。

勝野：松山海上保安部巡視船「いよ」の主任機関士、勝野恵太です。担当業務は、燃料油や潤滑油、雑油の管理・請求に加え、船のエンジンや付属機器の保守・管理・整備を担当しています。「いよ」は特警船ですので、テロ事案やサミット警備などにおいて投入される巡視船になります。これらに対応するため日々訓練を行っています。また、犯罪捜査、警備業務等々、様々な業務を行っております。

——海上保安官としての初任務を教えてください。

勝野：初めての事案対応は、ご遺体の揚収でした。ご遺体が漂流しているという通報がありまして、本船の搭載艇で急行したのですが、当時まだ現場に出て1カ月目くらいでの初めての事案対応でしたので、もう右も左もわからないまま、頑張った記憶があります。

——船の業務で重要なこと、欠かせないことはなんですか。

勝野：一つ目はコミュニケーションを取るということです。船は何十人という単位の人間が一つの目的に向かって動くものですので、たとえば機関科が何かの作業をしたいと思っていても、同じ時間帯に航海科も別の作業をしたいと思っている場合、意思疎通ができていないと、なかなかうまく一つの方向を向けないと思います。船内の調整という意味でもコミュニケーションを取っておくことがとても大事です。あと、船上では食事も入浴も寝るときも乗組員は一緒なので、周りに気を配ったり、うまく協調性をもって生活することが大切だと思います。あとは、本船だと2～3週間ほどの長期にわたる行動もありますので、だんだん疲れてくることもあるのですが、ストレス発散、息抜きはとても大事ですね。

——息抜きはどういうふうにされてますか。

勝野：船の上では、乗組員と休み時間にゲームをしたり、寝る前に少し音楽を聴いたり、動画を観たりという感じで、船のことを忘れる一瞬を作るようにしています。出航しているあいだは、プライベートな時間と仕事の空間がほぼ重なり合ってしまうから、うまく自分でコントロールして、いつでも対応できるように、ベストな状態で仕事ができるように、うまく息抜きが必要だと思います。

——現場でのヒヤリハットはありますか？

勝野：搭載しているゴムボートを船の上から海に

下ろす作業で、自分が揚降<ruby>揚降<rt>ようこう</rt></ruby>の指揮をしていた時のことです。ゴムボートを船の外へ降ろす作業時に私が号令詞を間違えてしまいました。ゴムボートに乗っていたのがベテランの乗組員だったため、号令詞の誤りに気づき指摘してくれたため、ゴムボートが海面に落下する事態にはなりませんでした。自分の指示で危険が生じる可能性があるということを身に染みて感じ、気持ちを引き締めました。

——勝野さんの座右の銘はなんですか。

勝野：「因果応報」です。意味としては「過去の因縁に応じて報いがある」という意味ですが、私は「自分のやったことは、いいことだろうが、悪いことだろうが、結局は自分に返ってくる」というふうに解釈をしていまして、「面倒くさいな」「このくらいでいいや」と思ってしまうような時もこの言葉を思い出し、「もう少しがんばろう」という戒めの意味も込め、忘れないようにしています。

——休日の過ごし方を教えてください。

勝野：休日は、普段家に帰れる日がそんなにありませんので、まずは掃除をして、そこからはジムやサウナに行ってリフレッシュをして、気が向いたら自炊することもあります。夜は次の日が仕事のときは早く寝るようにだけ気をつけていますが、次の日も休日のときはせっかくなのでめいっぱい夜更かしをしています。

——この職業ならではの癖や、任務中ではなくてもついついやってしまうことはありますか。

勝野：海沿いを休日に車で走ったりすると、ついつい船を見てしまうことだと思います。どんな船が走っているのかなとか、あの漁船は何をやっているんだろうなとか、漁港に船が係留してあるのを見ると、検査証を見てみたり、渡船

とかフェリーが近くで動いていると、その出入港作業を見てしまったり……そういうところですね。

——海上保安官として、普段から心がけていることはありますか。

勝野：体調はいつも一定に保つように、常にいつ呼び出しがかかってもすぐ動けるように気をつけています。いつ出動することになるか分からないので、休めるときに休んでおくことは大切だと思っています。また、私はまだまだ新人の初級幹部ですので、経験していないことがたくさんあって、現場で使う知識の勉強を、仕事が終わったあとに少しでもするように心がけています。

——最後に、海上保安庁で魅力的だなと思うところはどんなところですか。

勝野：たとえば現場業務であれば、海難事故のご遺族や、通報してきた人たちを始めとしてさまざまな人と接することで、自分がやっている仕事が誰かの役に立っているんだと思えます。領海警備などでは「国を守っている」という誇りがもてるところが、胸を張ってこの仕事をしていると言えるところであり、当庁の魅力だと思います。

特殊救難隊

機動救難士のヘリ降下

Q1 海上保安大学校と海上保安学校との違いは何ですか？

A 海上保安大学校は海上保安庁の幹部職員の養成を目的としています。海上保安学校は、一般職員の養成を目的としています。

Q2 海上保安官に向いているのはどんな人ですか？

A 幅広い業種があるので、一概に向き不向きは言えません。強いて言うならば、多くの卒業生が初任地として勤務する巡視船艇は、一度出港すると数日帰れない場合もあり、また仕事を組織で進めていくので、チームワークを重視できる人が向いているでしょう。

Q3 入学金、授業料は必要ですか？

A 海上保安大学校、海上保安学校ともに入学金や授業料は一切必要ありません。また、学内の生活に必要な制服や寝具類は貸与されます。ただし、教科書、食費、身の廻り品等は自己負担です。

Q4 海上保安大学校と海上保安学校の採用試験の併願はできますか？

A 年齢等の受験資格にもよりますが、併願可能です。

Q5 体力に自信がなくても平気ですか？

A 例年、体力に自信がない学生も入学してきますが、教官の指導と学生本人の努力により卒業までに海上保安官として必要な体力が身につきます。また、夏期に実施される遠泳訓練に向けて、泳力に応じてプールや海で水泳訓練を行います。泳げないで入学してきた学生も泳げるようになります。

Q6 海上保安大学校、海上保安学校は自宅から通学できますか？

A 両校ともに、全員が校内にある学生寮で、団体生活を通じて協調性等を養うことを目的に、生活しますので通学はできません。

Q7 学生は、休日、どのような生活をしていますか？

A 休日は、勉強、運動、趣味、旅行など、各自自由に過ごしています。外出は許可時間が定められていますが、平日・休日共に毎日外出できます。申請をすれば休日の前日からの外泊もできます。

Q8 配属先の希望は叶いますか？

A 希望が叶わないこともありますが、配属先は、毎年本人の希望（勤務地、役職など）を聴いたうえでそれらを勘案し決定されます。

Q9 卒業後は訓練期間なしで、すぐに配属されるのでしょうか？

A 現場に必要な知識・技能を学ぶ期間が海上保安大学校や海上保安学校となります。現場配属後も一定期間は初任者教育期間として、現場業務を経験しながら初任教育を受けてスキルアップしていきます。

Q10 どれくらいの頻度で転勤がありますか？

A 人によってばらつきがありますが、2〜3年の頻度で転勤があります。また、海上保安大学校本科・初任科、海上保安学校一般課程（航空整備コース）管制・海洋科学・航空の各課程は全国転勤、海上保安学校一般課程（航空整備コースを除く）は管区内転勤となっています。

海上保安大学校

最新の試験情報は、海上保安庁及び
人事院のホームページで必ず確認を
してください。

海保 HP　　人事院 HP

＊試験の申し込みは、人事院ホームページ採用情報 NAVI から行います。

本　　科

◇受験資格◇

（1）　2024（令和6）年4月1日において高等学校又は中等教育学校を卒業した日の翌日から起算して2年を経過していない者及び2025（令和7）年3月までに高等学校又は中等教育学校を卒業する見込みの者

（2）　高等専門学校の第3学年の課程を修了した者であって、2024（令和6）年4月1日において当該課程を修了した日の翌日から起算して2年を経過していないもの等人事院が（1）に掲げる者と同等の資格があると認める者

㊟　採用試験を受験できない者→次のいずれかに該当する者は受験できません。

①　日本の国籍を有しない者
②　国家公務員法第38条の規定により国家公務員となることができない者
　○　禁錮以上の刑に処せられ、その執行を終わるまでの者又はその刑の執行猶予の期間中の者その他その執行を受けることがなくなるまでの者
　○　一般職の国家公務員として懲戒免職の処分を受け、その処分の日から2年を経過しない者
　○　日本国憲法又はその下に成立した政府を暴力で破壊することを主張する政党その他の団体を結成し、又はこれに加入した者
③　平成11年改正前の民法の規定による準禁治産の宣告を受けている者（心神耗弱を原因とするもの以外）

◇試験種目・試験の方法◇　試験日程は、54ページの一覧表を参照してください。

＊2022年度採用試験から「物理・化学」がなくなりました。

試験	試験種目	出題数 解答時間	配点比率	内　　容
第1次試験	基礎能力試験（多肢選択式）	40題 1時間30分	$\frac{2}{7}$	公務員として必要な基礎的な能力（知能及び知識）についての筆記試験　知能分野　20題（文章理解⑦、課題処理⑦、数的処理④、資料解釈②）知識分野　20題（自然科学⑤、人文科学⑧、社会科学⑥、情報①）
	学科試験（多肢選択式）	26題 2時間	$\frac{2}{7}$	数学、英語についての筆記試験　数学Ⅰ、数学Ⅱ、数学A、数学B（数列、ベクトルの分野に限る）⑬、コミュニケーション英語Ⅰ、コミュニケーション英語Ⅱ⑬
	学科試験（記述式）	3〜6題 1時間20分	$\frac{2}{7}$	数学についての筆記試験　数学Ⅰ、数学Ⅱ、数学A、数学B（数列、ベクトル分野に限る。）③〜⑥
		2〜3題 1時間20分	（各科目$\frac{1}{7}$）	英語についての筆記試験　コミュニケーション英語Ⅰ、コミュニケーション英語Ⅱ②〜③
	作文試験	1題 50分	＊	文章による表現力、課題に対する理解力などについての筆記試験
第2次試験	人物試験		$\frac{1}{7}$	人柄、対人的能力などについての個別面接
	身体検査		＊	主として胸部疾患（胸部エックス線撮影を含む。）、血圧、尿、その他一般内科系検査
	身体測定		＊	身長、体重、視力、色覚、聴力についての測定
	体力検査		＊	反復横跳び、上体起こし、鉄棒両手ぶら下がりによる身体の筋持久力等についての検査

（注） 1　前ページ表の〇内の数字は出題予定数であり、「数学Ⅰ、数学Ⅱ、数学Ａ、数学Ｂ（数列、ベクトルの分野に限る。）③〜
　　　　⑥」とは、数学Ⅰ、数学Ⅱ、数学Ａ、数学Ｂ（数列、ベクトルの分野に限る。）の出題分野から３題〜６題出題予定である
　　　　ことを示します。
　　　2　「配点比率」欄に＊が表示されている試験種目は合否の判定のみを行い、その他の試験種目は得点化しています。
　　　3　第１次試験合格者は、「基礎能力試験（多肢選択式）」、「学科試験（多肢選択式）」及び「学科試験（記述式）」の成績を総
　　　　合して決定します。
　　　　「作文試験」は、第１次試験合格者を対象に評定した上で、最終合格者決定に反映します。
　　　4　第２次試験の際、人物試験の参考とするため、性格検査を行います。
　　　5　合格者の決定方法の詳細については、国家公務員試験採用情報 NAVI を御覧ください。
　　　6　身体検査の際に、既往歴及び手術歴について確認します。

◎　体力検査の内容　基準に達しないものが一つでもある場合は、体力検査で不合格となります。
　　　反復横跳び（敏しょう性）……100cm 間隔に引いた３本のライン上で、20秒間に何回のサイドステップが
　　　　　　　　　　　　　　　　　できるかを検査。男子44回以上、女子37回以上が基準。
　　　上体起こし（筋持久力）………ひざを曲げ、あおむきに寝た姿勢から30秒間に何回上体を起こせるかを検査。
　　　　　　　　　　　　　　　　　男子21回以上、女子13回以上が基準。
　　　鉄棒両手ぶら下がり……………水平に設置された直径約2.8cm の鉄棒を両手で握り、両足を床から離して
　　　　　　　　　　　　　　　　　ぶら下がり、10秒以上耐えることができるかを検査。
㊟　次のいずれかに該当する者は不合格となります。※申込みの際は、以下の基準（数値）に十分留意してください。
　　○　身長が男子157cm、女子150cm に満たない者。体重が男子48kg、女子41kg に満たない者
　　○　視力（裸眼又は矯正）がどちらか一眼でも0.6に満たない者
　　○　色覚に異常のある者（職務遂行に支障のない程度の者は差し支えない。）
　　○　どちらか片耳でも2,000、1,000、500各ヘルツでの検査結果をもとに算出した聴力レベルデシベルが、40デ
　　　シベル以上の音の失聴のある者
　　○　四肢の運動機能に異常のある者

初　任　科

◇受験資格◇

　1994（平成６）年４月２日以降生まれの者で、大学（短期大学を除く。以下同じ。）を卒業した者及び2025（令
和７）年３月までに大学を卒業する見込みの者並びに人事院がこれらの者と同等の資格があると認める者
㊟　採用試験を受験できない者→49ページを参照してください。

◇試験種目・試験の方法◇　試験日程は、54ページの一覧表を参照してください。

試験	試験種目	出題数解答時間	配点比率	内　　　容
第１次試験	基礎能力試験（多肢選択式）	30題１時間50分	$\frac{3}{6}$	公務員として必要な基礎的な能力（知能及び知識）についての筆記試験 　　知能分野　24題（文章理解⑩、判断推理⑦、数的推理④、資料解釈③） 　　知識分野　6題（自然・人文・社会・時事・情報⑥）
	課題論文試験	2題3時間	$\frac{2}{6}$	文章による表現力、課題に対する理解力・判断力・思考力などについての筆記試験 ・時事的な問題に関するもの　1題 ・具体的な事例課題により、海上保安官として必要な判断力・思考力を問うもの　1題
第２次試験	人物試験		$\frac{1}{6}$	人柄、対人的能力などについての個別面接
	身体検査		＊	主として胸部疾患（胸部エックス線撮影を含む。）、血圧、尿、その他一般内科系検査
	身体測定		＊	身長、体重、視力、色覚、聴力についての測定
	体力検査		＊	反復横跳び、上体起こし、鉄棒両手ぶら下がりによる身体の筋持久力等についての検査

海上保安学校 最新の試験情報は、海上保安庁及び
人事院のホームページで必ず確認を
してください。

海保 HP 　人事院 HP

＊試験の申し込みは、人事院ホームページ採用情報 NAVI から行います。

◇受験資格◇

（1）　2024（令和6）年4月1日において高等学校又は中等教育学校を卒業した日の翌日から起算して12年（海上
保安学校学生採用試験（特別）は13年）を経過していない者及び2025（令和7）年3月まで（海上保安学校学
生採用試験（特別）は9月まで）に高等学校又は中等教育学校を卒業する見込みの者

（2）　高等専門学校の第3学年の課程を修了した者であって、2024（令和6）年4月1日において当該課程を修了
した日の翌日から起算して12年（海上保安学校学生採用試験（特別）は13年）を経過していない者等人事院が
（1）に掲げる者と同等の資格があると認める者

㊟　採用試験を受験できない者→49ページを参照してください。

◇試験種目・試験の方法◇　試験日程は、54ページの一覧表を参照してください。

1　学科（多肢選択式）については、出題範囲が限定されています。詳しくは人事院ホームページ（国家公務員
試験採用情報 NAVI）を御覧ください。
2　○内の数字は出題予定数であり、「数学Ⅰ、数学Ⅱ、数学A、数学B（数列、ベクトルの分野に限る。）⑬」
とは、数学Ⅰ、数学Ⅱ、数学A、数学B（数列、ベクトルの分野に限る。）の出題分野から13題出題予定であ
ることを示します。
3　「配点比率」欄に＊が表示されている試験種目は合否の判定のみを行い、その他の試験種目は得点化してい
ます。
4　第2次試験（航空課程については第3次試験）の際、人物試験の参考とするため、性格検査を行います。
5　合格者の決定方法の詳細については、国家公務員試験採用情報 NAVI を御覧ください。
6　身体検査の際に、既往歴及び手術歴について確認します。

【一般課程】

試験	試験種目	出題数 解答時間	配点比率	内　　容
第1次 試験	基礎能力試験 （多肢選択式）	40題 1時間30分	$\frac{3}{4}$	公務員として必要な基礎的な能力（知能及び知識）についての筆記試験 　知能分野　20題（文章理解⑦、課題処理⑦、数的処理④、資料解釈②） 　知識分野　20題（自然科学⑤、人文科学⑧、社会科学⑥、情報①）
	作文試験	1題 50分	＊	文章による表現力、課題に対する理解力などについての筆記試験
第2次 試験	人物試験		$\frac{1}{4}$	人柄、対人的能力などについての個別面接
	身体検査		＊	主として胸部疾患（胸部エックス線撮影を含む。）、血圧、尿、その他一般内科系検査
	身体測定		＊	身長、体重、視力、色覚、聴力についての測定
	体力検査		＊	反復横跳び、上体起こし、鉄棒両手ぶら下がりによる身体の筋持久力等についての検査

（注）第1次試験合格者は、「基礎能力試験（多肢選択式）」の成績により決定します。
　　　「作文試験」は、第1次試験合格者を対象に評定した上で、最終合格者決定に反映します。

【航空課程】

試験	試験種目	出題数 解答時間	配点比率	内　　容
第1次 試　験	基礎能力試験 （多肢選択式）	40題 1時間30分	$\frac{3}{8}$	公務員として必要な基礎的な能力（知能及び知識）についての筆記試験 　知能分野　20題（文章理解⑦、課題処理⑦、数的処理④、資料解釈②） 　知識分野　20題（自然科学⑤、人文科学⑧、社会科学⑥、情報①）
	学科試験 （多肢選択式）	26題 2時間	$\frac{3}{8}$	数学及び英語についての筆記試験 　数学Ⅰ、数学Ⅱ、数学A、数学B（数列、ベクトルの分野に限る。）⑬、 　コミュニケーション英語Ⅰ、コミュニケーション英語Ⅱ⑬
第2次 試　験	身体検査		＊	一般検査、呼吸器系検査、循環器系及び脈管系検査、消化器系検査（口腔及び歯牙を除く。）、血液及び造血器系検査、腎臓、泌尿器系及び生殖器系検査、運動器系検査、眼検査、視機能検査、耳鼻咽喉検査、聴力検査、口腔及び歯牙検査、総合検査
	身体測定		＊	身長、体重、視力、色覚、聴力についての測定
	体力検査		＊	反復横跳び、上体起こし、鉄棒両手ぶら下がりによる身体の筋持久力等についての検査
第3次 試　験	人物試験		$\frac{2}{8}$	人柄、対人的能力などについての個別面接
	身体検査		＊	精神及び神経系検査
	適性検査		＊	模擬飛行装置等を使用しての操縦検査

【管制課程】

試験	試験種目	出題数 解答時間	配点比率	内　　容
第1次 試　験	基礎能力試験 （多肢選択式）	40題 1時間30分	$\frac{3}{8}$	公務員として必要な基礎的な能力（知能及び知識）についての筆記試験 　知能分野　20題（文章理解⑦、課題処理⑦、数的処理④、資料解釈②） 　知識分野　20題（自然科学⑤、人文科学⑧、社会科学⑥、情報①）
	学科試験 （多肢選択式）	26題 2時間 （注）	$\frac{3}{8}$	数学及び英語についての筆記試験 　数学Ⅰ、数学Ⅱ、数学A、数学B（数列、ベクトルの分野に限る。）⑬、 　コミュニケーション英語Ⅰ、コミュニケーション英語Ⅱ⑬
第2次 試　験	人物試験		$\frac{2}{8}$	人柄、対人的能力などについての個別面接
	身体検査		＊	主として胸部疾患（胸部エックス線撮影を含む。）、血圧、尿、その他一般内科系検査
	身体測定		＊	身長、体重、視力、色覚、聴力についての測定
	体力検査		＊	反復横跳び、上体起こし、鉄棒両手ぶら下がりによる身体の筋持久力等についての検査

（注）管制課程は、数学（13題）、英語（13題）を1時間ずつ分けて実施します。

【海洋科学課程】

試験	試験種目	出題数 解答時間	配点比率	内　　　　容
第1次試験	基礎能力試験（多肢選択式）	40題 1時間30分	$\frac{3}{8}$	公務員として必要な基礎的な能力（知能及び知識）についての筆記試験 知能分野　20題（文章理解⑦、課題処理⑦、数的処理④、資料解釈②） 知識分野　20題（自然科学⑤、人文科学⑧、社会科学⑥、情報①）
	学科試験（多肢選択式）	39題 3時間	$\frac{3}{8}$	数学、英語及び物理についての筆記試験 数学Ⅰ、数学Ⅱ、数学A、数学B（数列、ベクトルの分野に限る。）⑬、 コミュニケーション英語Ⅰ、コミュニケーション英語Ⅱ⑬、 物理基礎、物理⑬
第2次試験	人物試験		$\frac{2}{8}$	人柄、対人的能力などについての個別面接
	身体検査		＊	主として胸部疾患（胸部エックス線撮影を含む。）、血圧、尿、その他一般内科系検査
	身体測定		＊	視力、色覚、聴力についての測定
	体力検査		＊	鉄棒両手ぶら下がりによる検査

◎　体力検査の内容→50ページを参照してください。

㊟　次のいずれかに該当する者は不合格となります。

一般課程、管制課程→50ページを参照してください。

海洋科学課程

○　視力（裸眼又は矯正）がどちらか一眼でも0.6に満たない者
○　色覚に異常のある者（職務遂行に支障のない程度の者は差し支えない。）
○　どちらか片耳でも2,000、1,000、500各ヘルツでの検査結果をもとに算出した聴力レベルデシベルが、40デシベル以上の音の失聴のある者
○　四肢の運動機能に異常のある者

航空課程

○　身長が158cmに満たない者又は190cmを超える者。体重が男子48kg、女子41kgに満たない者
○　各眼が裸眼で0.7以上及び両眼で1.0以上の遠見視力を有しない者又は各眼について、各レンズの屈折度が（±）8ジオプトリーを超えない範囲の常用眼鏡により0.7以上、かつ、両眼で1.0以上に矯正することができない者
○　どちらか一眼でも80cmの視距離で、裸眼又は矯正により近見視力表（30cm視力用）の0.2の視標を判読できない者
○　どちらか一眼でも30～50cmの視距離で、裸眼又は矯正により近見視力表（30cm視力用）の0.5の視標を判読できない者
○　色覚に異常のある者
○　どちらか片耳でも、次のいずれかの失聴のある者
・3,000ヘルツの周波数において50デシベル超　　・2,000ヘルツの周波数において35デシベル超
・1,000ヘルツの周波数において35デシベル超　　・500ヘルツの周波数において35デシベル超
○　その他航空業務遂行上支障のある者
※　身体検査については、航空身体検査マニュアル平成19年3月2日「国空乗第531号国土交通省航空局長」の「Ⅲ　航空身体検査項目等」で定めている基準等に準じて実施します。

◇試験地◇

○　試験地については、海上保安庁のホームページを参照してください。

海上保安学校 門司分校

最新の試験情報は、海上保安庁のホームページで必ず確認をしてください。

海保HP

＊原則として、Web による申込みとなります。

船艇職員・無線従事者・航空機職員採用試験

受験資格については、35ページをご覧ください。

㊟　採用試験を受験できない者→49ページを参照してください。

◇試験種目・試験の方法◇

試験	試験種目	出題数解答時間	内　容
第1次試験	教養試験（多肢選択式）	40題2時間	海上保安庁職員として必要な一般的な知識についての筆記試験　出題分野：社会、人文及び自然に関する一般的知識並びに文章理解、判断推理、数的推理及び資料解釈に関する一般知能）
	作文試験	50分	海上保安庁職員として必要な文章による表現力、課題に対する理解力などについての筆記試験
第2次試験	人物試験		人柄、対人的能力などについての個別面接
	身体検査		主として胸部疾患（胸部エックス線撮影を含む。）、血圧、尿、その他一般内科系検査
	身体測定		身長、体重、視力、色覚、聴力についての測定
	体力検査		上体起こし、反復横跳び、鉄棒両手ぶら下がりによる身体の筋持久力等についての検査
実技試験	実技試験＊航空機職員（飛行）のみ（試験地：宮城県岩沼市）		航空機職員（飛行）受験者について、第2次試験通過者を対象にシミュレーターによる実技試験

（注）　第1次試験の際、人物試験の参考とするため、性格検査を行います。

第1次試験合格者は、「教養試験（多肢選択式）」の成績により決定します。

「作文試験」は、第2次試験合格者を対象に評定した上で、最終合格者（飛行のみ、第2次試験合格者）決定に反映します。

◎　体力検査の内容→50ページを参照してください。

㊟　次のいずれかに該当する者は不合格となります。

航海、機関、通信・技術、整備、航空通信→50ページを参照してください。

飛行　○身長が158cm に満たない者又は190cm を超える者

　　　○体重が男子 48kg、女子 41kg に満たない者

　　　○その他操縦士として航空業務に支障のある者

 # 2024年度採用試験日程

試験名		受付期間	第1次試験日	第1次試験合格者発表	第2次試験日	最終合格者発表
海上保安大学校学生		8/22(木)～9/4(水)	10/26(土)及び10/27(日)	12/6(金)	12/13(金)	2024/1/16(火)
海上保安大学校：初任科（海上保安官）		2/22(木)～3/25(月)	5/26(日)	6/26(水)	7/9(火)～7/17(水)	8/13(火)
海上保安学校学生	一般課程管制課程海洋科学課程	7/16(火)～7/25(木)	9/22(日)	10/9(水)	10/15(火)～10/24(木)	11/19(火)
	航空課程				10/15(火)～10/24(木)（発表：11/19(火)）3次：11/30(土)～12/10(火)	2025/1/16(木)
海上保安学校学生（特別）		2/22(木)～3/11(月)	5/12(日)	5/31(金)	6/5(水)～6/26(水)	7/26(金)
海上保安学校門司分校（有資格者）		随時（海上保安庁ホームページにて確認してください。）				

※2024年度海上保安学校学生採用試験（4月期）から、「船舶運行システム課程」が「一般課程」に名称変更します。

10 採用試験受験データ

受験状況一覧

海上保安大学校：本科・海上保安学校（4月入学）

試験年度	試験区分		申込者数		合格者数		倍率
2020年度	大学校		440	(108)	79	(26)	5.6
	学校	船舶運航システム課程	3310	(492)	556	(71)	6.0
		航空課程	309	(26)	32	(2)	9.7
		情報システム課程	195	(51)	63	(19)	3.1
		管制課程	83	(42)	26	(20)	3.2
		海洋科学課程	86	(23)	18	(6)	4.8
2021年度	大学校		368	(93)	90	(26)	4.1
	学校	船舶運航システム課程	3159	(496)	545	(76)	5.8
		航空課程	251	(23)	7	(1)	35.9
		情報システム課程	153	(36)	43	(11)	3.6
		管制課程	106	(40)	25	(13)	4.2
		海洋科学課程	97	(24)	23	(4)	4.2
2022年度	大学校		469	(126)	85	(20)	5.5
	学校	船舶運航システム課程	2977	(501)	519	(76)	5.7
		航空課程	269	(15)	34	(1)	7.9
		情報システム課程	143	(36)	50	(13)	2.9
		管制課程	105	(42)	24	(7)	4.4
		海洋科学課程	79	(19)	20	(4)	4.0
2023年度	大学校		364	(90)	101	(32)	3.6
	学校	船舶運航システム課程	2586	(450)	563	(97)	4.6
		航空課程	252	(20)	27	(0)	9.3
		情報システム課程	100	(20)	32	(8)	3.1
		管制課程	89	(38)	18	(14)	4.9
		海洋科学課程	113	(23)	25	(8)	4.5

（　）内は女性の内数を示します。

海上保安大学校：初任科（海上保安官）＊2020年に新設

試験年度	申込者数	第1次試験合格者数	最終合格者数
2021年度	698 (100)	123 (22)	64 (11)
2022年度	622 (102)	132 (20)	63 (9)
2023年度	529 (107)	138 (32)	82 (13)

（　）内の数字は、女性を内数で示します。

海上保安学校（特別：10月入学）

試験年度	申込者数	合格者数	倍率
2020年度	4,958 (1,179)	967 (223)	5.1
2021年度	6,602 (1,549)	1,192 (321)	5.5
2022年度	6,067 (1,492)	1,026 (275)	5.9
2023年度	3,837 (1,057)	1,225 (395)	3.1

（　）内は女性の内数を示します。

採用予定数

試験名称	試験区分	採用予定数
海上保安大学校学生		約60名
海上保安大学校：初任科（海上保安官）		約30名
海上保安学校学生	一般（航海・機関・通信・主計・航空整備コース）課程	約285名
	航空課程	約25名
	管制課程	約20名
	海洋科学課程	約15名
海上保安学校学生（特別）	船舶運航システム（航海・機関・主計・整備コース）課程	約245名
海上保安学校門司分校	航海、機関、通信・技術、飛行、整備、航空通信	各若干名

※2024年2月現在の情報です。最新情報は、海上保安庁及び人事院ホームページにて必ず確認をしてください。

2023 年度採用試験問題

┌─────── 海上保安学校の課程ごとの試験種目 ───────┐

一般課程…
基礎能力試験（多肢選択式），作文（作文課題）

航空課程，管制課程，海洋科学課程…
基礎能力試験（多肢選択式），学科試験（多肢選択式）

└──┘

＊「記述式」「作文」「課題論文」の解答，解答例は掲載していません。

【No.　1】　次の文の内容と合致するものとして最も妥当なのはどれか。

　　モチベーションをいつも維持できている人は、決まった仕事やいわれた仕事をこなすだけでなく、自分なりの課題を見つけ、解決していることが多いといえます。より高いレベルでのパフォーマンス発揮につながるため、結果的に周囲からの評価も高くなる傾向にあります。良いサイクルが生まれ、さらにモチベーションもアップするのです。

　　対照的にモチベーションが低いときは、最低限の仕事しかしていないことが多くあります。最低限の仕事をしているときの脳は、不確実性がほとんどなくなった状態です。そのままの状態では不確実性の変化を認識しにくくなり、脳は飽きてしまいます。同時に、モチベーションもだんだんと下がっていきます。内発的モチベーションを保ったまま行動を起こすには、脳への報酬の与え方も重要です。いわれた（不確実性の低い）仕事をこなし、脳に安心感を与えつつ新しいことにチャレンジするなど、必ず（不確実性の高い）新規なことを求めるよう心がけると不確実性のバランスがとれ、脳がストレスを感じない程度の適度な知的好奇心を保てます。

　　内発的報酬はモチベーションの維持に重要ですが、他方、脳にとって報酬を受け取る確率が高く安心感も得られる外発的報酬も必要であることに変わりはありません。金銭のような外発的報酬を与えられることで、やる気が出て業務を達成できるという効果もあります。これを一般に「エンハンシング効果」といいます。短時間で目標達成をする際にも外発的報酬は役に立ちます。内発的報酬だけでは、目標（いつまでに何を終わらせるなど）の明確さが弱いため、報酬を得るまでに時間がかかることが多いのです。どちらのほうが良いというわけではなく、状況によってうまく使いこなし、どんな状況においても両方のモチベーションがバランスよく含まれていることが大切といえます。

1.　他人の力を借りることなく、自分一人で課題を見つけ、解決できる人は、周囲から常に高い評価を得られるため、モチベーションを高く保つことができる。

2.　モチベーションが低いと感じると、ほとんどの人の脳は、不確実性を下げるため、短時間で目標を達成できる慣れた仕事を避け、新規の仕事を求めるようになる。

3.　脳にとって、内発的報酬ばかりでなく、報酬を得る確率が高く安心感も得ることができる外発的報酬もモチベーションの維持には必要である。

4.　内発的報酬は、脳がストレスを感じない程度の適度な知的好奇心を効果的に保つことができるため、最低限の仕事を継続するために最も有効な要素である。

5.　モチベーションを維持するには、目標を明確に設定せず、報酬を得るまでの時間をできるだけ短くし、外発的報酬を内発的報酬よりも優先することが必要である。

次の文の内容と合致するものとして最も妥当なのはどれか。

　国家ではなく、国民一人ひとりの安全保障を考えるという発想自体は、決して新しいものではありません。たとえば、「人間の安全保障」の重要な担い手であるNGOにとって、「人間の安全保障」は、まさにNGOがNGOであるための存在理由（レゾンデートル）です。《中略》

　「人間の安全保障」が新しいのは、概念そのものではなく、それを国家自身が主導したこと、冷戦後、国連の場でも、国家の安全保障よりも文民の保護をいかに実現するか、という議論が積極的になされるようになった時代に登場したことです。

　もちろん、国家が、「人間の安全保障」を唱えることにおいては、多くの異論が出ています。国家やその連合体である国連が、さらには欧米の先進国が、途上国の人々の安全を保障して「あげる」、保護して「あげる」という主体と客体を固定化する新たな植民地主義以外のなにものでもないという批判、あるいは、「能力強化（エンパワーメント）」、「オーナーシップ」という現地の人々の主体性を重んじる概念を持ち出しつつ、外の世界の普遍的価値を押しつけているという批判です。しかし、「人間の安全保障」は、こうした議論を逆転する可能性をも内包する概念です。

　「人間の安全保障」は、決して既存の主権国家システムを否定するものではありません。しかし、国家自身が国家というアクターを相対化し、安全保障を軍事から非軍事領域にまで広げ、その非軍事領域、つまりは「人間の安全保障」の分野を、国家以外の多様なアクターが活動する空間として積極的に認めたことは実は大きな意味があります。「人間の安全保障」を強調することは、国家以外の多様なアクターの役割を、補助的なものから積極的なものへと転換します。またここで登場するアクターは、国際機関、国連、NGOなどの市民社会組織や企業にとどまりません。

　国際政治学者の武者小路公秀は、「人間の安全保障」の価値として、民衆、人民自身が反植民地主義の思想を表現する概念ともなりうると指摘しています。

1. 既存の主権国家システムを否定し、国家に代わる新たな統治機関として「人間の安全保障」の実行を担うことが、NGOの存在意義である。

2. 「人間の安全保障」が持つ新規性は、従来のように国民一人ひとりのレベルで安全保障を捉えるのではなく、国家レベルで安全保障を考える点にある。

3. 「人間の安全保障」に対して、先進国と途上国の関係を固定化するという批判もあるが、「人間の安全保障」は、そのような批判を逆転させる可能性をも含む概念である。

4. 様々な学者から、「人間の安全保障」は、国際機関や市民社会組織などの国家以外のアクターを、現在の安全保障体制から排除するものであると指摘されている。

5. 「人間の安全保障」とは、人々が、暴力を用いて争うことを放棄し、自身の安全を守ることを全て国家に一任することで、平和を実現する概念である。

【No. 3】 次の文の内容と合致するものとして最も妥当なのはどれか。

　文化と文明の意味や違いについては、昔から多くの論争が行われてきた。西洋では、学問・宗教・芸術など精神的生活に関わるものを「文化」、生産過程・経済行動・流通や移動方法など人間の物質的所産に関わるものを「文明」と呼ぶのが普通のようである。その立場をとるなら、科学は文化の諸相の中核を成し、技術は文明の基礎と言うことができるだろう。

　文化の諸相とは、文化を構成するものそれぞれが価値を持ち、それぞれに意味があって、多様性・多重性があることを意味する。その意味で、科学は文化の多様性・多重性を彩る上で重要な役割を果たすのである。これに対し、農業文明、工業文明、情報文明というように、文明は段階的に質が変化し、それに応じた独自の形態をとっていく。社会の基幹部を成す産業構造が文明の形態を特徴づけるのだが、その基礎的な部分を構成するのが技術である。技術は物質に働きかけることによって文明の質を変化させていくのだ。

《中　略》

　科学と技術は本来別物であったし、またその役割も異なっていた(いる)ことをしっかり認識する必要がある。そして、科学は文化として役に立つのであり、技術は文明の手段として役に立つことを弁別しておかねばならない。私たちが役に立つと言う場合は、生活あるいは社会に役立つこと(生活がより便利になる、金儲けにつながる)が暗黙の裡にあるのだが、それは技術の発展を意味していることがほとんどなのである。その観点のみから見れば、文化としての科学は役に立たないということになってしまう。ピカソの絵もベートーベンの音楽もロダンの彫刻も、物質的な生活の便宜には役に立たないのと同様である。しかし、私たちはピカソもベートーベンもロダンも精神的な面で不可欠なものと思っている。それが無くても生活はできるが、それが無ければ無機的で潤いのない生活になってしまうだろう。芸術作品と同じように、宇宙創成の謎や物質の根源を探る科学、生命の進化を辿り人類の起源を追究する科学も、私たちが精神世界を健全に生きていく上で不可欠なものなのである。

1. 文化と文明の関係性については西洋と東洋で考え方が異なり、東洋では、文明と文化は同一視され、文化の多様性や多重性はあまり注目されていなかった。

2. 技術は、物質に働きかけることで、生産過程や移動方法などの人間の物質的所産に関わるものの質を変えてきた。

3. 文明が工業文明から情報文明に変化することで、科学と技術が互いに近づき、技術開発と相携えて進められる独自の形態がとられた。

4. ピカソの絵やベートーベンの音楽を理解することは、人類の起源を探り、文化面から進化の道筋を辿る上で必要な行程の一部であると考えられる。

5. 文化は本来私たちにとって役に立たないものであったが、社会が進歩することで文化が金儲けの手段になった。

【No.　4】　次の　□□□　の文の後に、A〜Eを並べ替えて続けると意味の通った文章になるが、その順序として最も妥当なのはどれか。

> 　私たちが目にする情報の多くは、前後関係を切り落としてポイントだけにした断片であることを自覚しておく必要がある。情報の前後にあったテキストは全体として1つの流れをなしていたはずだが、取り扱いやすく前後を切り落とすことで、すでにその情報は本来の姿ではなくなっており、前後関係の中に位置づけることでもっと豊かで多様な解釈が可能だったはずなのである。

A：現代人は、効率的に捉えようとするあまり、断片しか見ようとしない傾向が強い。情報という「切り身」だけ見ても、すぐに魚の全体像はわからないかもしれない。

B：せめて、扱っている情報が「切り身」でしかないことをよく理解しておく必要があると思うのである。

C：現代の子どもたちの描く魚の絵で、魚が切り身の姿で泳いでいることがセンセーショナルに取り上げられることがある。

D：情報として断片化されたものも魚の切り身のようなものであって、本来の姿ではない。

E：しかも、「切り身」の形で流通する情報が多い現状はすぐには変えられない。

1.　A→B→D→C→E
2.　A→B→E→C→D
3.　A→C→B→E→D
4.　C→A→D→B→E
5.　C→D→A→E→B

【No. 5】 次の文の内容と合致するものとして最も妥当なのはどれか。

　おほかたこの所に住みはじめし時はあからさまと思ひしかども、今すでに五年を経たり。仮の
庵（いほり）もややふるさととなりて、軒に朽葉ふかく、土居に苔むせり。おのづからことのたよりに都を
聞けば、この山にこもりゐて後、やむごとなき人のかくれ給へるもあまた聞ゆ。ましてその数なら
ぬたぐひ、尽してこれを知るべからず。たびたびの炎上にほろびたる家またいくそばくぞ。ただ仮
の庵のみのどけくしておそれなし。ほど狭しといへども、夜臥（ふ）す床あり、昼ゐる座あり。一身を宿
すに不足なし。

　寄居*1は小さき貝を好む。これ事知れるによりてなり。みさご*2は荒磯にゐる。すなはち人を
おそるるがゆゑなり。われまたかくのごとし。事を知り、世を知れれば、願はず、わしらず、ただ
静かなるを望みとし、憂へ無きを楽しみとす。

　（注）　*1 寄居：やどかり　　*2 みさご：鷹の一種

1. 仮の庵が古くなってきたため、早急に建て直す必要がある。
2. 都では、身分の高い人々の隠居が増えているようだ。
3. 火事で焼けてしまった家は数知れず、仮住まいとして庵を建てる人が増えている。
4. 仮の庵は狭いが、寝る場所も起きて居る場所もあり、一人で住むには十分である。
5. 世間というものを知った人は、出家し、人との関わりを避けるようになる。

【No. 6】 次の文の内容と合致するものとして最も妥当なのはどれか。

Thoroughly chewing your food isn't just polite. It may also make you feel fuller and help control weight gain. In one study, a team of researchers tracked a group of people for eight years and found that those who ate slowly gained less weight during the study than fast eaters. Other research has found that chewing your food well increases the number of calories your body burns during digestion[1]: about 10 extra calories for a 300-calorie meal. Eating fast, on the other hand, barely burns any calories and has been linked to an increased risk for metabolic syndrome, a cluster of health problems that includes excess abdominal[2] fat.

Everyone seems to benefit from more mindful mastication[3]. In one study, when people of all sizes were told to chew their food a little more than usual, their levels of gut hormones related to hunger and satiety[4] improved. It's tough to say if a person's pace of eating is solely responsible for these body-weight benefits. But taking some extra time to chew your food, especially if you always finish dinner first, appears to be a good idea.

（注） *1 digestion：消化　　*2 abdominal：腹部の　　*3 mastication：噛むこと

　　　　*4 satiety：満腹

1. 研究者チームは、ある個人を8年間調査し、食べ物を噛む回数と体重の関係を明らかにした。
2. 食べ物を十分に噛むことで、消化中に体が燃焼するカロリーが、10％増加する。
3. 速く食事をすることは、健康上の問題であるメタボリックシンドロームのリスクを高める。
4. 太っている人には食べ物を十分に噛むことの恩恵があるが、痩せている人には恩恵がない。
5. 外食ではなく、自分で調理した食事をとることで、体重の減少に効果がある。

【No. 7】 次の文の内容と合致するものとして最も妥当なのはどれか。

A tiny mouse at the San Diego Zoo has set a new world record for the oldest known living mouse. The mouse, named Pat, turned nine years and 209 days old last Wednesday. Pat is a Pacific pocket mouse, which is the smallest kind of mouse in North America. He weighs about as much as three pennies.

Pocket mice[*1] get their name from the special pouches they have on the outside of their cheeks. These pouches are lined with fur, and are used by the mice to carry food and the material they need to make their nests. The mice make their nests in tunnels underground, called burrows. During the colder winter months, Pacific pocket mice hibernate[*2] in their burrows for much of the time.

Pacific pocket mice are endangered. They live in Southern California, usually within 2 miles (3.2 kilometers) of the sea. They used to be found all along the coast, from Los Angeles down to the US border with Mexico. The mice are an important part of the environment because they help spread the seeds of the plants that grow naturally in this sandy area. Their digging underground also helps the plants grow.

But starting in the early 1930s, humans began taking up more and more of the area where the mice normally lived. Pacific pocket mice began disappearing. By the 1970s, scientists believed that the Pacific pocket mouse had become extinct. But in 1994, scientists found a small group of Pacific pocket mice in Orange County, California.

《中　略》

Starting in 2012, the San Diego Zoo Wildlife Alliance (SDZWA) began working to help the mice by raising them in captivity. Animals raised in captivity face fewer threats and often live longer. Pat, whose birthday is July 14, 2013, was born in the first year of that program.

（注）　[*1] mice：mouse の複数形　　[*2] hibernate：冬眠する

1. パシフィック・ポケットマウスは、北米で最も温厚な性格のネズミとして知られており、Pat と名付けられたパシフィック・ポケットマウスはペン 3 本程度の体重しかない。

2. ポケットマウスという名前は、その腹部に毛皮で覆われた袋があることが由来とされており、この袋は冬眠に備えて食料を貯蔵するために使われている。

3. パシフィック・ポケットマウスは、他の動物が繁殖に利用するために作ったトンネルの中で冬眠する。

4. パシフィック・ポケットマウスは、砂地で成長する植物の種子を拡散するなどして、南カリフォルニアの砂地の環境に関して重要な役割を担っている。

5. 1930 年代前半から、パシフィック・ポケットマウスは乱獲され、その数が激減したため、SDZWA はメキシコでパシフィック・ポケットマウスを捕獲・保護する活動を始めた。

【No. 8】 ある会社では、ア係、イ係、ウ係という三つの係に所属する合計13人の職員により、A、B、Cの三つのプロジェクトチームを結成した。次のことが分かっているとき、確実にいえるのはどれか。

ただし、それぞれの職員は、複数の係に所属することはなく、A、B、Cのいずれか一つのチームに参加している。

○ ア係とウ係の職員の数は同じである。

○ チームAには、ア係、イ係、ウ係からそれぞれ1人以上の異なる人数の職員が参加しており、このうちア係の職員は3人である。

○ チームBには、ア係とウ係の職員のみが参加している。

○ チームCには4人の職員が参加しており、全員がイ係の職員である。

1. チームAの人数は7人である。

2. チームAに参加しているイ係の職員は2人である。

3. チームAに参加しているウ係の職員は4人である。

4. チームBの人数は5人である。

5. チームBに参加しているウ係の職員は2人である。

【No. 9】 図のように、A～Dの4人が左からA、B、C、Dの順番で一列に並んでいた。この後、4人の並び順を変更したところ、変更前に隣り合っていた人たちは、変更後に隣り合うことはなかった。このとき、変更後の並び順について確実にいえるのはどれか。

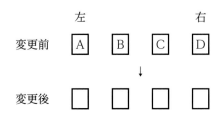

1. AとBの間には2人が並んでいる。
2. AはBよりも右側に並んでいる。
3. CとDの間には1人が並んでいる。
4. CはDよりも左側に並んでいる。
5. あり得る並び順は3通りである。

【No. 10】 A～Dの4人は遊園地に出掛けるため、12時に駅に集合することにした。駅に着いた時間について次のとおりであったとき、確実にいえるのはどれか。

　○　A、B、Dはそれぞれ自分の時計で11時52分、11時48分、11時52分に駅に着いた。また、CはBの時計で11時54分に着いた。

　○　Aの時計は正しい時刻を表示していた。

　○　Dの時計は正しい時刻より5分進んでいた。また、Bの時計はDの時計より2分遅れていた。

1. Aは2番目に駅に着いた。
2. Bは1番目に駅に着いた。
3. CはAよりも後に駅に着いた。
4. DはCよりも後に駅に着いた。
5. Dは3番目に駅に着いた。

【No. 11】 ある工事が終了するためには、六つの作業A～Fを全て完了する必要があり、それぞれの作業の所要日数及び先行作業は表のとおりである。このとき、確実にいえるのはどれか。

なお、二つ以上の作業を同時に並行して行ってもよいものとする。また、ある作業の先行作業とは、その作業を始めるに当たって事前に完了していなければならない作業のことである。

作業	所要日数	先行作業
A	5	な し
B	2	A
C	3	A
D	6	B
E	4	C
F	3	D、E

1. 作業Aの所要日数が2日増えた場合、最短で工事が終了するには18日掛かる。

2. 作業Bの所要日数が1日増えた場合、最短で工事が終了するには15日掛かる。

3. 作業Cの所要日数が2日増えた場合、最短で工事が終了するには16日掛かる。

4. 作業Dの所要日数が1日増えた場合、最短で工事が終了するには14日掛かる。

5. 作業Eの所要日数が2日増えた場合、最短で工事が終了するには19日掛かる。

【No. 12】 机の上にA～Fの6枚のコインがあり、全てのコインは表になっている。ここで、A、B、Cの3枚のうち、任意の0～3枚を裏にする。次に、残りのD、E、Fの3枚について、以下の①、②、③の順番で操作を実行していく。このとき、操作③を実行後のコインについて、確実にいえるのはどれか。

【操作】

①　AとBの一方が表で、もう一方が裏であるとき、Dを裏にする。

②　CとDの一方が表で、もう一方が裏であるとき、Eを裏にする。

③　BとEの一方が表で、もう一方が裏であるとき、Fを裏にする。

1．Aが裏でCが表であるとき、Fは裏である。

2．Bが裏でCも裏であるとき、Dは裏である。

3．Cが表でEも表であるとき、Dは裏である。

4．A、B、Cのうちいずれか1枚のみが表であるとき、Eは裏である。

5．B、C、Eが全て表であるとき、Aは裏である。

【No. 13】 図のような正三角形において、重心は点Oで
あり、頂点3個と各辺の三等分点6個の、合計9個の
点は、点A～Iのいずれか一つの点である。

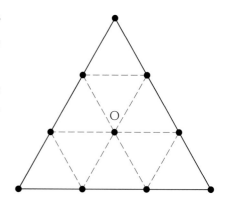

　点E、F、H、Iを通る線、点G、H、Oを通る線の
いずれもが直線であり、点C、F、Iは点Oを中心とす
る同一円周上にあるとき、確実にいえるのはどれか。

1. 点Aは頂点である。
2. 点Bは頂点である。
3. 点Cは頂点である。
4. 点Dは頂点である。
5. 点Eは頂点である。

【No. 14】 向かい合っている目の数の和が7であるAとBの2種類
のサイコロがある。ア～オは、AとBいずれかのサイコロを転がした
ときの図である。

A　　　　B

このうち、Bを転がしたときにあり得るもののみを挙げているのはどれか。

ア　　　　　　　イ　　　　　　　ウ　　　　　　　エ　　　　　　　オ

1. ア、ウ
2. ア、エ
3. イ、エ
4. イ、オ
5. ウ、オ

【No. 15】 互いに異なる 1 ～ 6 の目が書かれたサイコロを 4 回振り、全ての出た目の数の積を計算する。この値が素数になる確率はいくらか。

　なお、素数とは、2 以上の整数で、1 と自身以外に約数を持たない数のことをいう。

1. $\dfrac{1}{81}$

2. $\dfrac{1}{108}$

3. $\dfrac{1}{216}$

4. $\dfrac{1}{432}$

5. $\dfrac{1}{1296}$

【No. 16】 濃度の異なる食塩水 A と食塩水 B がある。ここで、A 120 g と B 180 g を混ぜると、濃度が 12 % の食塩水となり、A 100 g と B 200 g を混ぜると、濃度が 13 % の食塩水となった。このとき、A の濃度は何 % か。

　なお、水 X〔g〕と食塩 Y〔g〕を混ぜた食塩水の濃度は、$\dfrac{100Y}{X+Y}$〔%〕である。

1. 1 %

2. 2 %

3. 3 %

4. 4 %

5. 5 %

【No. 17】　A、B、Cの３人はピアノを習っており、Aは７日おきに一度、Bは11日おきに一度、Cは６日おきに一度の周期でピアノ教室に通っている。

　いま、AとBが共にピアノ教室に通った日を０日目として、その翌日である１日目にCがピアノ教室に通った。このとき、表のように、X日目にAとBがピアノ教室に通うこととなる前日である(X − 1)日目にCがピアノ教室に通うこととなる最小のXの数字の <u>10 の位の数字</u>はいくつか。

　なお、例えば、７日おきに一度の周期とは、０日目、７日目、14日目…の周期となることをいう。

０日目	１日目	・・・・・・・	(X − 1)日目	X日目
AとB	C		C	AとB

1.　0

2.　2

3.　4

4.　6

5.　8

【No. 18】 図Ⅰのように、座標空間上にピラミッド状の構造物がある。この構造物の底面を示した
のが図Ⅱであり、底面は平面 $z = 0$ 上の 1 辺の長さが 240、重心が点(0 , 0 , 0)の正方形であ
る。また、この構造物の頂点は、点(0 , 0 , h)である。この構造物の表面上に点(20, 30,
120)があるとき、h の値はいくらか。

　　なお、この構造物を平面 $z = k$ ($0 < k < h$)で切断すると、その切り口は重心が点(0 , 0 , k)
の正方形となる。

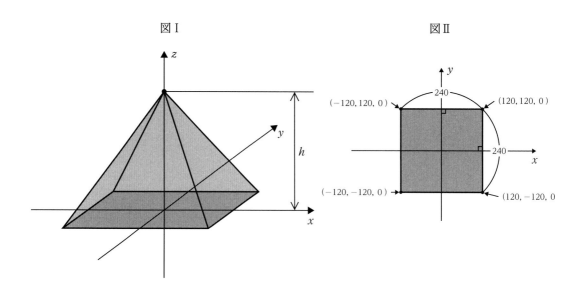

図Ⅰ　　　　　　　　　　　　　　　　図Ⅱ

1. 140
2. 160
3. $120\sqrt{2}$
4. $120\sqrt{3}$
5. 240

【No. 19】 ある国について、図Ⅰは 2017～2021 年度までのくりの収穫量と栽培面積を示したものであり、図Ⅱは 2021 年度のくりの収穫量の地域別割合を示したものである。これらから確実にいえることとして最も妥当なのはどれか。

図Ⅰ　くりの収穫量と栽培面積

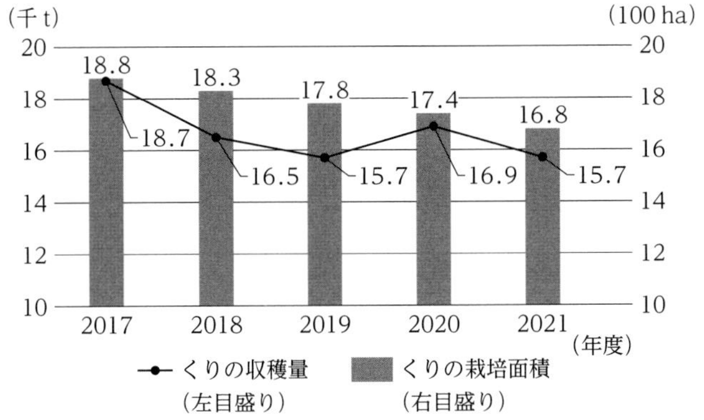

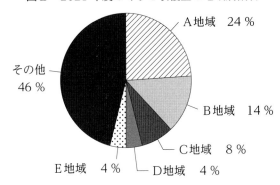

図Ⅱ　2021 年度のくりの収穫量の地域別割合

A地域　24 %
B地域　14 %
C地域　8 %
D地域　4 %
E地域　4 %
その他　46 %

1. 2018～2021 年度までの各年度における栽培面積 100 ha 当たりのくりの収穫量を前年度のそれと比べると、一貫して減少している。

2. 2017 年度のくりの栽培面積に対する 2021 年度のくりの栽培面積の減少率（絶対値）は、10 % を上回っている。

3. 2017～2021 年度までの各年度における栽培面積 100 ha 当たりのくりの収穫量をみると、2020 年度のものが最大である。

4. 2021 年度の B 地域の栽培面積 100 ha 当たりのくりの収穫量は、同年度の C 地域のそれを上回っている。

5. 2021 年度の B 地域におけるくりの収穫量は、同年度の C、D、E 地域におけるくりの収穫量の合計よりも多い。

【No. 20】 表は、我が国の輸送機関(船舶、自動車、鉄道、航空)別国内貨物輸送量と平均輸送距離について、1965年度、1980年度、2000年度、2020年度の調査結果を示したものである。これから確実にいえることとして最も妥当なのはどれか。

なお、輸送活動量とは、輸送量(万トン)と平均輸送距離(km)を乗じたものである。

年度	輸送量(万トン)					平均輸送距離(km)			
	船舶	自動車	鉄道	航空	合計	船舶	自動車	鉄道	航空
1965	17,965	219,320	24,352	3	261,640	449	22	233	700
1980	50,026	531,795	16,283	33	598,136	444	34	230	879
2000	53,702	564,609	5,927	110	624,348	450	55	373	977
2020	30,608	378,700	3,912	49	413,269	503	56	469	1,078

(注)四捨五入の関係で、輸送量の合計が一致しない場合がある。

1. 自動車について、1965年度に対する2020年度の増加率をみると、輸送量の方が平均輸送距離よりも大きい。

2. 輸送量の合計についてみると、1965〜1980年度までの増加量の年平均(絶対値)は、2000〜2020年度までの減少量の年平均(絶対値)よりも小さい。

3. 表のいずれの年度においても、輸送量の合計に占める自動車による輸送量の割合は9割を超えている。

4. 輸送活動量を船舶と自動車で比較すると、1965年度は船舶の方が多いが、2000年度は自動車の方が多い。

5. 表の各年度における四つの輸送機関の輸送活動量の合計をみると、2020年度は1965年度の10倍以上である。

【No. 21】 2次方程式 $3x^2 - 12x - k = 0$ が実数解を持たないような定数 k の値の範囲として正しいのはどれか。

1. $k \leqq -12$
2. $k < -12$
3. $k \leqq -6$
4. $k < -6$
5. $k \leqq 0$

【No. 22】 電気に関する記述として最も妥当なのはどれか。

1. 直流では電圧や電流の向きが一定であるのに対し、交流ではそれらが周期的に変化している。ダイオードなどで構成された AC アダプターと呼ばれる整流器により、交流を直流に変換することができる。

2. 電流の向きは、電子が流れる向きである。また、電流の大きさは、導線の単位体積中に含まれる電子の数及び導線中を移動する電子の速さが分かれば求めることができる。

3. 電気の通しやすさを示す抵抗率によって、物質を、導体、半導体、不導体(絶縁体)に分類することができる。抵抗率の大きい銅は導体、抵抗率の小さい天然ゴムは不導体、その中間の抵抗率を持つソーダガラスは半導体である。

4. 発電所で発電された電気は、送電線の抵抗による損失を小さくするため、発電所から変電所までは低電圧で送電される。その後、変電所で電圧を上げ、最終的には 100 V に上げて各家庭に供給される。

5. 物体が電気を帯びることを帯電という。電気には正と負の 2 種類があり、同種の電気に帯電した物体どうしを近づけると、引力を及ぼし合い、放電する。

【No. 23】 図は、元素の周期表の一部である。⑦～㋖が表す元素に関する記述として最も妥当なのはどれか。

族

	1	2	12	13	14	15	16	17	18
1	H								㋖
2	⑦	④		㋔	C	N	O	F	Ne
3	Na	Mg		Al	Si	㋕	S	㋗	Ar
4	K	⑦	Zn	Ga	Ge	As	Se	Br	Kr

1. ⑦の元素はリチウムである。1族の元素をハロゲンといい、2価の陰イオンになりやすい。

2. ④の元素はホウ素であり、⑦の元素はカルシウムである。イオン半径を比べると、ホウ素イオンの方がカルシウムイオンよりも大きい。

3. ㋔の元素はベリリウムであり、㋕の元素はリンである。ベリリウムとリンは価電子の数が等しく、性質が似ている。

4. ㋗の元素は鉛である。17族の元素を遷移元素といい、全て金属元素である。

5. ㋖の元素はヘリウムである。18族の元素を貴ガス(希ガス)といい、イオンになりにくい。

【No. 24】 植生と遷移に関する記述として最も妥当なのはどれか。

1. 森林では、林冠から林床の間に階層構造がみられる。寒帯の森林では、アオキなどから成る高木層、ガジュマルなどから成る亜高木層、スギなどから成る低木層が形成される。

2. 森林は、アカマツなどの弱い光でも成長できる陰樹から、シラカンバ(シラカバ)などの強い光の下で早く成長できる陽樹へと遷移し、陽樹は安定した極相林を構成する。

3. 極相林では、台風などで樹木が倒れて林床に光が届くギャップが大規模に形成されても、極相樹種の種子だけが発芽するため、樹種が入れ替わることなく極相林が維持される。

4. 山火事などによって森林が破壊された後の遷移を一次遷移という。一方、溶岩流の跡地などの裸地からの遷移は、草地形成、森林形成の二段階の遷移となるため二次遷移という。

5. 湖沼から始まる遷移である湿性遷移では、気温が低く栄養塩類が少ない環境においては、湖沼は、水分を多く含むミズゴケなどのコケ植物や草本植物から成る湿原になる。

【No. 25】 太陽系の惑星に関する記述として最も妥当なのはどれか。

1. 太陽系の惑星は、地球型惑星、木星型惑星、彗星の三つに分類され、木星型惑星は主に岩石から成り地球型惑星より密度が大きい。

2. 金星は、太陽系の惑星の中で太陽に最も近く、大気の主成分は窒素であり、その温室効果により表面温度はおよそ 100℃ に保たれている。

3. 火星は、地球と比べて大気が希薄であり表面温度は低いが、砂嵐や雲の発生などの気象現象がある。

4. 木星は、大気を持たないため、昼間の表面温度は最高 400℃ にもなる一方、夜間の表面温度は最低 0℃ になる。

5. 土星は、太陽系の惑星の中で太陽から最も遠いが、大気中のメタンの燃焼により青く輝いているため、肉眼で観測することが可能である。

【No. 26】 ローマ帝国に関する記述として最も妥当なのはどれか。

1. アレクサンドロス大王は、地中海世界を統一し、元老院からツァーリ(皇帝)の称号を授けられた。以後、約 200 年にわたる「ローマの平和」と呼ばれる繁栄の時代が続いた。

2. コンスタンティヌス帝は、イェルサレム(エルサレム)への遷都や職業・身分の固定化などの改革を行ったが、イスラーム勢力の侵攻により、ローマ帝国は東西に分裂した。

3. 西ローマ帝国の滅亡後、ギリシア正教会は、フランク王国の国王オクタウィアヌスにローマ皇帝の帝冠を授け、西ローマ帝国を復活させた。

4. 神聖ローマ帝国のカール大帝は、教会の規律改革を進めた教皇インノケンティウス 3 世と聖職叙任(任命)権をめぐって衝突し、破門された。

5. ビザンツ(東ローマ)帝国は、ユスティニアヌス帝の時代に最盛期を迎え、旧ローマ帝国領の多くを回復したが、次第に衰え、オスマン帝国の攻撃で滅亡した。

【No. 27】 第二次世界大戦後のアジアに関する記述として最も妥当なのはどれか。

1. 1940 年代後半、インドでは、ムスリム(イスラーム教徒)の多いインド連邦とヒンドゥー教徒の多いパキスタンが分離独立した。また、1970 年代に、西パキスタンがバングラデシュとして分離独立した。

2. 1940 年代後半、朝鮮半島では、李承晩を大統領とする韓国と、金日成を首相とする北朝鮮が成立した。その後、北朝鮮軍が韓国に侵攻したことから朝鮮戦争が始まった。

3. 1950 年代、インドネシアでは、ホー=チ=ミンらを中心に独立が宣言され、ドイツとの戦争を経て独立を達成した。また、フィリピンは、イタリアからの独立を達成した。

4. 1960 年代、ソ連は北ベトナム爆撃(北爆)を開始し、ベトナム戦争が始まった。中国と米国の支援を受けた北ベトナムは、ソ連軍を撤退させ、ベトナム和平協定が結ばれた。

5. 1970 年代、インドネシアやアフガニスタンなどが東南アジア諸国連合(ASEAN)を結成したが、アジア通貨危機の影響で東南アジア地域の経済が悪化し、1980 年代にタイは脱退した。

【No. 28】 昭和初期の日本と中国に関する記述として最も妥当なのはどれか。

1. 満州に駐屯していた関東軍は、国共合作を進めて満州を直接支配するため、それまで協力関係にあった蒋介石を列車ごと爆破した。

2. 上海を中国の主権から切り離して日本の勢力下に置こうと計画した関東軍は、盧溝橋で南満州鉄道の線路を爆破し、これを中国軍の仕業として軍事行動を開始した。

3. 国際連盟は、リットン調査団の報告により、「満州国」の不承認と日本軍の撤退を求める対日勧告を可決した。日本はこれを不服として国際連盟を脱退した。

4. 日本政府の日独伊三国防共協定締結に対して、中国国内では抗日救国運動が高まり、二・二六事件をきっかけに、日本への本格的な抗戦姿勢が強まった。

5. 犬養毅内閣が成立した直後、北京郊外の旅順で日中両軍の衝突事件が発生した。犬養内閣は華北に大規模な兵力を派遣し、日中の全面戦争に発展していった。

【No. 29】 我が国の自然環境と防災に関する記述A～Dのうち、妥当なもののみを挙げているのはどれか。

A：近年、狭い地域で短時間に集中した大雨が降る局地的大雨(ゲリラ豪雨)が発生することがあり、河川の氾濫や地下街への浸水を防ぐため、調節池が設置されている。

B：台風や発達した低気圧が接近・通過すると、強風による家屋等の損壊ばかりでなく、沿岸部では海水面が平常より高くなる高潮が生じ、浸水被害が発生することがある。

C：国内には300を超える活火山があり、近くに火山のある自治体には、噴火の際に発生する火災に備え、遊水地や水屋の整備が義務付けられている。

D：活断層付近は、地中の水分が集まりやすく、地震によって地盤が液状化する危険性が高いため、地盤沈下や崖崩れを防ぐための砂防堰堤(砂防ダム)が設置されている。

1. A、B
2. A、C
3. B、C
4. B、D
5. C、D

【No. 30】 ラテンアメリカの地理に関する記述として最も妥当なのはどれか。

1. メキシコの人種・民族構成は、アフリカ系が約6割、アジア系が約2割、ヨーロッパ系が約2割であり、互いに自己の文化を強く主張して生活している様子は、「サラダボウル」と呼ばれる。

2. カリブ海地域は、英国とフランスが植民地獲得を争った後、英国系とフランス系の住民が共存した歴史を持ち、現在は、キューバなど英語とフランス語の両方を公用語としている国が多い。

3. キリスト教のプロテスタントを信仰している人が多いが、アジア系の民族を起源に持つインディヘナ(インディオ)は、仏教を信仰している人が多い。

4. 焼畑などの伝統的な農業が行われており、アマゾン盆地の熱帯地域では南米原産のイネのインディカ種が、アンデス山脈周辺の乾燥地域ではバナナが、主に栽培されている。

5. 人種・民族の融合で独特の文化が生まれており、その例として、ブラジルのリオデジャネイロ(リオ)のカーニバルや、アルゼンチンの舞踏音楽として知られるタンゴが挙げられる。

【No. 31】 次の熟語において、下線部の漢字の読み方が全て同じものはどれか。

1. 成果　　成就　　成熟
2. 悪業　　悪寒　　悪名
3. 会計　　会釈　　会得
4. 尊重　　慎重　　偏重
5. 外科　　外貨　　外交

【No. 32】 次のA～Dの四字熟語のうち、その意味が妥当なもののみを全て挙げているのはどれか。

A：一刻千金 ……… わずかなひとときだが、大変貴重でかけがえのない時間のこと。

B：面目躍如 ……… 世間の評価にたがわぬ活躍をし、生き生きとしていること。

C：曲学阿世 ……… 苦労して学問を修め、世の中の役に立つこと。

D：玉石混交 ……… ぜいたくに飾り付けられ、きらびやかで美しい様子のこと。

1. A、B
2. A、D
3. B、C
4. C
5. D

【No. 33】 次の各組の英文と和文がほぼ同じ意味になるとき、ア、イ、ウに当てはまるものの組合せとして最も妥当なのはどれか。

> The man 　ア　 lives next door is a mathematics teacher.
> 隣に住んでいる男性は、数学の教師である。

> I went to the restaurant 　イ　 roof is painted red.
> 私は、屋根が赤く塗られたレストランに行った。

> She used to live in New York, 　ウ　 her grandchild lives now.
> 彼女は、彼女の孫が現在住んでいるニューヨークに、かつて住んでいた。

	ア	イ	ウ
1.	who	whose	where
2.	who	what	when
3.	who	what	where
4.	which	whose	where
5.	which	what	when

【No. 34】 英文に対する和訳が最も妥当なのはどれか。

1.
> Expensive food is not always delicious at this restaurant.
> このレストランでは高い料理が必ずしもおいしいとは限らない。

2.
> None of the movies were boring.
> 全ての映画が退屈だった。

3.
> I can't play the violin nor the piano.
> 私はバイオリンを弾けないが、ピアノを弾くことはできる。

4.
> He gave flowers not only to my daughter but also to me.
> 彼は私ではなく、私の娘だけに花をくれた。

5.
> Neither choice was correct.
> どちらの選択も正しかった。

【No. 35】 我が国の国会に関する記述として最も妥当なのはどれか。

1. 国会は、国権の最高機関で、唯一の立法機関であることが憲法で定められており、憲法改正の発議、条約の締結、内閣総理大臣及び最高裁判所長官の任命などを行う。

2. 国会は、常会(通常国会)、臨時会(臨時国会)、特別会(特別国会)に分けられる。このうち臨時会は、衆議院が解散中に、参議院のみで常時開かれるものである。

3. 衆議院と参議院の議決が異なる場合、法律案の議決については必ず両院協議会が開かれるが、それでも合意に至らない場合は、参議院にて再度審議を行う。

4. 国会議員には自由な政治活動が保障されており、国会の会期中は逮捕されないが、会期前に逮捕された場合は、会期中であっても釈放されることはない。

5. 衆議院議員の任期は4年で、衆議院が解散した場合は、その時点で任期終了となる。一方、参議院議員の任期は6年で、3年ごとに半数が改選される。

【No. 36】 基本的人権に関する記述として最も妥当なのはどれか。

1. 社会権は、フランス人権宣言において世界で初めて保障され、我が国では、大日本帝国憲法の制定時から、基本的人権の一つとして規定されている。

2. 日本国憲法は、普通教育を受けることは国民の義務であること、保護者には子どもに適切な教育を受けさせる権利があることを明記している。

3. 日本国憲法は、勤労は義務であると同時に、権利であることを明記している。その趣旨を踏まえて、職業安定法、雇用保険法等の法律が制定されている。

4. 日本国憲法は、労働者の権利である労働三権として、団結権、団体行動権、争議権を明記している。しかし、我が国では、全体の奉仕者である公務員には労働三権のいずれも認められていない。

5. 経済活動の自由は、資本主義社会において不可欠なものであるため、日本国憲法では、経済活動の自由に対して、公共の福祉による制限を認めていない。

【No. 37】 市場経済に関する記述として最も妥当なのはどれか。

1. 完全競争市場では、ある財の需要が供給を上回れば、価格は需要と供給が一致するまで低下する。逆に、ある財の供給が需要を上回れば、価格は需要と供給が一致するまで上昇する。

2. 少数の企業が市場を支配する寡占市場では、企業は価格競争によって市場占有率を拡大しようとするため、価格が上がりにくくなる価格の下方硬直性がみられる。

3. 我が国では、経済産業省が独占禁止法によって、企業どうしが市場を独占的に支配しようとして価格や生産量について協定を結ぶダンピングを規制している。

4. 公共財の例として、道路や公園のような社会資本があり、これらは、多くの人々が同時に利用でき、費用を負担しない人を排除できないため、市場に任せると供給が過少になる。

5. 電気やガスのように設備投資の費用が小さい産業では、財・サービスの価格が高く設定され消費者の利益が損なわれる外部不経済が起きやすくなる。

【No. 38】 労働事情に関する記述A～Dのうち、妥当なもののみを挙げているのはどれか。

A：1980年代後半、長時間労働を改善するために労働基準法が改正されたことで、1週48時間労働制に改められ、完全週休2日制の導入が事業主に義務付けられた。

B：1990年代後半、労働者派遣法が制定され、バブル経済崩壊後に急増した派遣労働者やパートタイマー等の非正規労働者の数は大幅に減少した。

C：1990年代後半、男女雇用機会均等法及び労働基準法の改正により、雇用分野における募集・配置・昇進等の男女差別が禁止され、深夜労働の制限といった女性の保護規定が撤廃された。

D：2010年代前半、高年齢者雇用安定法が改正され、定年の引上げや継続雇用制度の導入等により、希望者には65歳までの雇用を確保することが事業主に義務付けられた。

1. A、B
2. A、C
3. B、C
4. B、D
5. C、D

【No. 39】 環境問題に関する記述として最も妥当なのはどれか。

1. ワシントン条約は、国際的に重要な湿地を登録・保護する条約である。これに連動する形でNPO（非営利組織）が、野生生物の国際取引を規制するナショナル・トラスト運動を進めている。

2. 我が国では、高度経済成長期に発生した足尾銅山の鉱毒問題を受けて環境基本法が成立し、公害を発生させた者に故意や過失がない場合は国が損害賠償の責任を負う過失責任制度が確立した。

3. 酸性雨は、化石燃料を燃焼することによって生じるフロンガスと大気中の水蒸気が化学反応することによって発生する。この現象は、上空にオゾンホールが発生すると加速される。

4. 我が国では、空港建設や発電所建設などの大規模事業において、環境に及ぼす影響を事前に調査し評価する「環境アセスメント」が制度化されている。

5. 京都で開催された国連環境開発会議において、人口増加に対応するため、限りある資源を無駄なく利用する取組の検討が宣言され、我が国では閉山した炭鉱の復活などが検討されている。

【No. 40】 中国の思想家に関する記述A～Dのうち、妥当なもののみを挙げているのはどれか。

A：孫子は、人間はもともと欲望に従って、利己的に振る舞う傾向があるとする性悪説を唱え、人間は信賞必罰によって、仁・義・礼・智の四徳を実現できるようになると考えた。

B：朱子は、ありのままの世界は、身分や差別が無く、全てが平等であるとし、何ものにもとらわれない絶対的自由の境地に達した理想の人間を、仙人と呼んだ。

C：王陽明は、実行できない知は真の知ではないとして、真に知ることと実行することは同一であるとする知行合一を主張した。

D：墨子は、他者を区別なく愛する兼愛のもとに、人々が互いに利益をもたらし合う博愛平等の社会を目指し、非攻論を唱えた。

1. A、B
2. A、C
3. A、D
4. B、C
5. C、D

【No.　1】　x, y を**実数**とする。次の記述の㋐、㋑、㋒に当てはまるものを A～D から選び出したものの組合せとして正しいのはどれか。

・ $x = 3$ は、$x^2 - x - 6 = 0$ であるための　㋐　。

・ $x^3 = 1$ は、$x^{2023} = 1$ であるための　㋑　。

・ $x > y$ は、$x^4 > y^4$ であるための　㋒　。

　　A．必要条件であるが十分条件でない

　　B．十分条件であるが必要条件でない

　　C．必要十分条件である

　　D．必要条件でも十分条件でもない

	㋐	㋑	㋒
1.	A	A	B
2.	A	B	D
3.	B	A	A
4.	B	C	B
5.	B	C	D

【No.　2】　2 次関数 $y = ax^2 - 6ax + 4$ $(-2 \leqq x \leqq 4)$ の最大値が 20 であるとき、定数 a の取り得る値のみを全て挙げたものとして正しいのはどれか。

1.　1

2.　$1, -\dfrac{16}{9}$

3.　$-\dfrac{16}{9}$

4.　$1, -2$

5.　$1, -2, -\dfrac{16}{9}$

【No. 3】 三角錐 OABC において、AB = $2\sqrt{3}$，OA = OB = OC = AC = BC = 3 とする。このとき、三角錐 OABC の体積はいくらか。

1. $\dfrac{\sqrt{5}}{2}$

2. $\sqrt{5}$

3. $\dfrac{3\sqrt{5}}{2}$

4. $2\sqrt{5}$

5. $\dfrac{5\sqrt{5}}{2}$

【No. 4】 ある製品が多数入っている箱がある。その箱の中の製品のうちの 70 ％は A 工場で、30 ％は B 工場で作られたもので、A 工場、B 工場で作られた製品には、それぞれ、3 ％、4 ％の不合格品が含まれることが分かっている。これらの製品が入っている箱の中から 1 個を取り出して検査を行ったところ、その 1 個が不合格品であったとき、それが A 工場で作られた製品である確率はいくらか。

1. $\dfrac{3}{250}$

2. $\dfrac{21}{1000}$

3. $\dfrac{33}{1000}$

4. $\dfrac{4}{11}$

5. $\dfrac{7}{11}$

【No. **5**】 $30! = 30 \times 29 \times \cdots \times 2 \times 1$ を素因数分解して、

$$30! = 2^m \times 3^n \times \cdots \times 29$$

と表すとき、m の値はいくらか。

1. 24
2. 26
3. 28
4. 30
5. 32

【No. **6**】 図のような三角形 ABC の内心 I を通り、辺 BC に平行な直線と辺 AB, AC の交点をそれぞれ P, Q とする。AB = 13, AC = 15, $AP = \dfrac{26}{3}$, AQ = 10 とするとき、PQ の長さはいくらか。

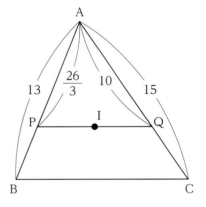

1. 9
2. $\dfrac{28}{3}$
3. $\dfrac{29}{3}$
4. 10
5. $\dfrac{31}{3}$

【No. 7】 x^{21} を x^2-3 で割った余りとして正しいのはどれか。

1. 3^{10}
2. $3^{10}\sqrt{3}$
3. $3^{10}x$
4. $3^{10}x+3^{10}$
5. $3^{10}x+3^{10}\sqrt{3}$

【No. 8】 a が全ての実数値をとりながら変化するとき、2次関数 $y=2x^2-2ax+a+3$ のグラフの頂点の軌跡として正しいのはどれか。

1. $y=-2x^2+2x+3$
2. $y=-2x^2+3$
3. $y=-x^2+3$
4. $y=x^2+3$
5. $y=2x^2-2x+3$

【No. 9】 点 P が長さ 2 の線分 AB を直径とする半円周（端点を含まない）上を動くとし、$\angle PAB = \theta \left(0 < \theta < \dfrac{\pi}{2} \right)$ とする。このとき、$\dfrac{3}{2} AP + 2BP$ の最大値はいくらか。

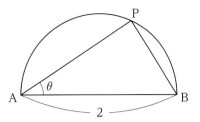

1. $\dfrac{5\sqrt{2}}{2}$　　3. $\dfrac{5\sqrt{3}}{2}$

2. 4　　4. 5

5. $5\sqrt{2}$

【No. 10】 $\left(\dfrac{1}{5} \right)^{10}$ を小数で表すとき、初めて 0 でない数字が現れるのは小数第何位か。ただし、$\log_{10} 2 = 0.301$ とする。

1. 小数第 5 位　　3. 小数第 7 位

2. 小数第 6 位　　4. 小数第 8 位

5. 小数第 9 位

【No. 11】 x についての関数 $f(x) = \displaystyle\int_{2}^{x}(t^2 + 2t - 8)dt$ の極小値はいくらか。

1. $-\dfrac{56}{3}$　　3. $-\dfrac{14}{3}$

2. -10　　4. 0

5. $\dfrac{14}{3}$

【No. 12】 次のように定められた数列 $\{a_n\}$ について、a_{100} の値はいくらか。

$$a_1 = 1, \quad a_{n+1} = \frac{4}{4-a_n} \quad (n = 1, 2, \cdots)$$

1. $\dfrac{99}{100}$

2. $\dfrac{101}{100}$

3. $\dfrac{201}{100}$

4. $\dfrac{200}{101}$

5. $\dfrac{201}{101}$

【No. 13】 $|\vec{a}| = 5,\ |\vec{b}| = 1,\ |\vec{a} - \vec{b}| = 4\sqrt{2}$ であるとき、$|\vec{a} + t\vec{b}|$ (t は定数) の最小値はいくらか。

1. 4

2. 6

3. 8

4. 10

5. 12

【No. **14**】 次の㋐～㋑のうち、下線部の語句を各行右側の（　　　）内の単語に置き換えた場合において、ほぼ同じ意味の文になるもののみを挙げているのはどれか。

㋐　He just can't <u>remember</u> what his friend said at the party.　　　　（recall）

㋑　She <u>interrupted</u> him while he was jogging to ask the way to Tokyo station.（disturbed）

㋒　She tried to <u>conceal</u> her emotions at her office.　　　　（confess）

㋓　I could <u>see</u> that a man was looking for the conference room.　　　（look）

1.　㋐、㋑　　　　3.　㋑、㋒

2.　㋐、㋒　　　　4.　㋑、㋓

　　　　　　　　5.　㋒、㋓

【No. **15**】 次のＡ、Ｂ、Ｃの（　　　）内の㋐、㋑から、より適切なものを選び出したものの組合せとして最も妥当なのはどれか。

Ａ．You have done a great （㋐ job　㋑ occupation） from the beginning.

Ｂ．His （㋐ succession　㋑ successor） will continue his research after his retirement.

Ｃ．Train （㋐ charges　㋑ fares） haven't changed in five years.

	A	B	C
1.	㋐	㋐	㋐
2.	㋐	㋐	㋑

		A	B	C
3.		㋐	㋑	㋑
4.		㋑	㋐	㋐
5.		㋑	㋑	㋑

【No. **16**】 次のＡ、Ｂ、Ｃの（　　　）内の㋐、㋑から、より適切なものを選び出したものの組合せとして最も妥当なのはどれか。

Ａ．If （㋐ only　㋑ wish） I could play the piano as well as you!

Ｂ．If I （㋐ had arrived　㋑ have arrived） at the bus terminal five minutes earlier, I could have caught the bus.

Ｃ．（㋐ But for　㋑ With） his persistent efforts, he could not have won.

	A	B	C
1.	㋐	㋐	㋐
2.	㋐	㋐	㋑

		A	B	C
3.		㋐	㋑	㋐
4.		㋑	㋐	㋑
5.		㋑	㋑	㋑

【No. **17**】 次のA、B、Cの(　　　)内の㋐、㋑から、より適切なものを選び出したものの組合せとして最も妥当なのはどれか。

A．My brother has (㋐ twice as many books　㋑ twice the number of books) that I have.

B．Your report is superior (㋐ of　㋑ to) mine.

C．Exercise is no (㋐ less　㋑ least) necessary to health than food.

	A	B	C			A	B	C
1.	㋐	㋐	㋐	3.		㋑	㋐	㋑
2.	㋐	㋑	㋑	4.		㋑	㋐	㋐
				5.		㋑	㋑	㋑

【No. **18**】 次のA、B、Cの(　　　)内の㋐、㋑から、より適切なものを選び出したものの組合せとして最も妥当なのはどれか。

A．I was (㋐ impossible　㋑ unable) to finish the task by the dead line.

B．The concert was so (㋐ touched　㋑ touching) that it attracted the audience.

C．I (㋐ embarrassed　㋑ was embarrassed) to find that a price tag was on my shirt.

	A	B	C			A	B	C
1.	㋐	㋐	㋐	3.		㋑	㋐	㋐
2.	㋐	㋑	㋑	4.		㋑	㋐	㋐
				5.		㋑	㋑	㋑

【No. **19**】 次のA、B、Cの(　　　)内の㋐、㋑から、より適切なものを選び出したものの組合せとして最も妥当なのはどれか。

A．The new regulation will (㋐ damage　㋑ do) serious harm to her business.

B．He didn't take his family's budget into (㋐ account　㋑ attention) when he bought a car.

C．You should learn by (㋐ eye　㋑ heart) these technical terms for your next examination.

	A	B	C			A	B	C
1.	㋐	㋐	㋐	3.		㋑	㋐	㋐
2.	㋐	㋑	㋑	4.		㋑	㋐	㋑
				5.		㋑	㋑	㋐

【No. 20】 次の英文の空欄A、B、Cに当てはまるものを㋐、㋑、㋒から選び出したものの組合せとして最も妥当なのはどれか。

A group from the UK was on the Ig Nobel prize list[*1], for testing whether pain experienced when driving over speed bumps[*2] can help diagnose appendicitis[*3].

The idea started as a running joke among surgeons, but Helen Ashdown decided to test it out while working as a junior doctor at Stoke Mandeville Hospital in Aylesbury.

"It's quite a residential area, so ☐ A ☐ ," said Dr Ashdown, now a GP[*4] and a lecturer at the University of Oxford. "We noticed that ☐ B ☐ ."

Sure enough, in a formal study of 101 patients, 33 of 34 people who were diagnosed with appendicitis reported pain travelling over speed bumps.

"It's a test that has high sensitivity, so it's a good rule-out test," Dr Ashdown said. In other words, ☐ C ☐ . But such pain can also have other causes - so speed bumps make a poor "rule-in" test.

Nonetheless the work produced a paper in the British Medical Journal and, now, an Ig Nobel prize for diagnostic medicine.

"It came as a complete shock," Dr Ashdown said, but she is adjusting. "The more I find out about them, the more of an honour[*5] it seems to be to get one."

[*1] the Ig Nobel prize list: the list of the awarded Ig Nobel prizes that honor achievements that make people laugh and then think, organized by a magazine of the United States

[*2] speed bump: a raised area across a road that is put there to make traffic go slowly

[*3] appendicitis: 虫垂炎

[*4] GP: general practitioner; a doctor who is trained in general medicine

[*5] honour = honor

㋐ a patient who does not experience speed bump pain is very unlikely to have appendicitis

㋑ quite a few of the patients who had appendicitis said how bad the journey to hospital had been

㋒ it's a town that does have a lot of speed bumps

	A	B	C
1.	㋐	㋑	㋒
2.	㋑	㋐	㋒
3.	㋑	㋒	㋐
4.	㋒	㋐	㋑
5.	㋒	㋑	㋐

【No. **21**】 次の文の内容に合致するものとして最も妥当なのはどれか。

While most studies of adolescent sleep and emotion regulation rely only on self-report measures, Amanda Baker and colleagues at UCLA[1] used fMRI[2] scans to discover how key physiological mechanisms are affected by irregular sleep. Adolescents wore medical devices for two weeks while they slept and reported each night before bedtime on stressors they were currently experiencing due either to demands placed on them or interpersonal conflict. Each morning, they rated how rested they felt after sleeping. After two weeks, fMRI scans were performed.

A large body of research on adults and adolescents has shown that shorter sleep often leads to emotional dysregulation[3]. The limbic[4] areas of the brain are particularly activated during arousal[5] and stress, and during sleep, there is bidirectional connectivity between these areas and the cortex[6]. While ethical constraints preclude[7] conducting sleep deprivation studies with children and adolescents, in numerous studies with adults whose sleep has been intentionally shortened, this connectivity is diminished and the cortical[6] regions are less enabled to tamp down[8] the limbic arousal.

It is assumed that the same effects would be seen in adolescents. Even though experimental deprivation studies cannot be done, there is an aspect of sleep patterns that can be studied naturally. Adolescents most often do not sleep long enough during the school week, and then sleep longer on the weekends. There are also many instances when they might stay up later on some school nights than others, constituting another source of irregularity in hours slept. Night-to-night[9] consistency has been studied much less than sleep duration, but evidence from studies with adults shows some negative effects. The authors of this study wanted to determine the effects of sleep irregularity in adolescents on connectivity between two areas of the brain.

The results: Adolescents with greater night-to-night variability reported more stressors to the extent that only one additional stressful demand led to 10 minutes shorter sleep and more variability. The scans indicated that like the sleep deprivation studies with adults, adolescents who had more variability in sleep timing had limbic areas that remained more activated and showed less connectivity with the cortical regions than their peers whose sleep was less variable.

*[1] UCLA: the University of California, Los Angeles

*[2] fMRI = functional Magnetic Resonance Imaging: a class of imaging methods developed in order to demonstrate regional, time-varying changes in brain metabolism

*[3] dysregulation: the fact of being unable to control emotions in the way that most people can

*[4] limbic: 辺縁系

*[5] arousal: 覚醒

*[6] cortex: 皮質（cortical < cortex）

*[7] preclude: to prevent something from happening or somebody from doing

*[8] tamp down: to press something firmly, especially into closed space

*[9] night-to-night: happening every night as a regular part of your night

1. UCLA の研究者らは、従来の多くの研究の測定方法と同様に fMRI スキャンを用いて、主要な生理メカニズムが不規則な睡眠によってどのような影響を受けるかを明らかにした。

2. 青年を対象に行われた UCLA の研究では、参加者は、自分に課せられた要求など現在経験しているストレス要因を、毎晩就寝前に報告するよう求められた。

3. 子どもや青年を対象に、倫理的な制約に配慮しながら行われた睡眠時間を短縮した研究では、成人と同様に脳の辺縁系と皮質領域の神経接続が活性化することが示された。

4. 日々の睡眠の規則正しさに関する研究は、睡眠時間の長さに関する研究よりも多く行われており、成人を対象とした研究では不規則な睡眠による悪影響が示されている。

5. 睡眠のタイミングの変動が大きい青年は、変動が小さい青年と比較して、皮質領域の活性化が維持されていることが UCLA の研究で示された。

●海上保安大学校：本科

【No. **22**】 次の文の内容に合致するものとして最も妥当なのはどれか。

A newly born baby, full of bodily desires, is a very human animal — but it is not a very social one. As every good parent across the world knows, it takes a while to care for a baby and to help to make it properly social and empathetic[*1]. These processes (often called early or primary socialization) are performed very differently across different cultures and across histories: children are raised by wet nurses[*2], nannies[*3], in communes and large families, by single parents, residential homes, gay parents and so on. There is much diversity in child-rearing[*4] habits and much research which charts how children come to construct their language, their sense of self and their social habits — for good or bad. What seems clear is that if they are left on their own, without the formative impacts of other people, then they will simply not develop. Many studies of feral[*5] children left living in isolation and then discovered later show that they simply cannot then function as social beings.

One of the commonest controversies raised in social science is that of the so-called 'nature-nurture' debate: do we become who we are because of our biology (genes and the like), or do we become who we are because of our upbringing[*6] and wider environmental factors? After a century and a half of endless dispute, this now seems to be a false debate (even though many prolong it). Both environment and genes play significant roles in the shaping of human lives. It is true that different researchers and disciplines will inevitably emphasize different aspects, but most will now agree that the interaction between the two is a crucial matter.

[*1] empathetic < empathy: the ability to understand other people's feelings and problems

[*2] wet nurse: a woman paid to give her breast milk to another woman's baby

[*3] nanny: a woman employed to take care of the children in a family, usually in the family's own home

[*4] rear: to look after a person or animal until they are fully grown

[*5] feral: living wild, especially after escaping from life as a pet or on a farm

[*6] upbringing: the way in which a child is cared for and taught how to behave while it is growing up

1. 海外で生活した経験がある親は皆、子どもをどのように育てれば社会的で共感性のある人間に育つか、そのノウハウを知っている。

2. 時代や文化による差異はあるが、一般に、都市よりも地方で、核家族よりも大家族で育てられた方が、子どもの社会化は促進される。

3. 多様な環境でこそ個性が発達するのであり、どのような環境で善人や悪人が生み出されていくのか、既に多くの研究がなされている。

4. 赤ん坊は、生まれたときから人間らしい生き物であるが、社会的存在として成長するためには、他者との関わりが必要である。

5. 「生まれか育ちか」という議論は現在も最も論争になるものの一つであるが、近い将来、遺伝子などの生物学的要因よりも、育つ環境が重要であるということが広く認められるだろう。

【Nos. **23** and **24**】 Answer the two questions No.23 and No.24 about the following passage.

New York City schools have banned an artificial intelligence chatbot[*1] that generates human-like writing including essays, amid fears that students could use it to cheat.

According to the city's education department, the tool will be forbidden across all devices and networks in New York's public schools. Jenna Lyle, a department spokesperson, said the decision stems from "concerns about negative impacts on student learning, and concerns regarding the safety and accuracy of contents."

The chatbot was created by an independent artificial intelligence research foundation co-founded by Elon Musk in 2015. Released in November 2022, the foundation's chatbot is able to create stunningly[*2] human-like responses to a wide range of questions and various writing prompts. The chatbot is trained on a large sample of text taken from the internet and interacts with users in a dialogue format.

According to the foundation, the conversation format allows the chatbot "to answer follow-up questions, admit its mistakes, challenge incorrect premises, and reject inappropriate requests." Users can request rephrasings, summaries and expansions on the texts that it churns out[*3].

The decision to ban the chatbot in New York schools comes amid widespread fears that it could encourage students to plagiarize[*4].

"While the tool may be able to provide quick and easy answers to questions, ☐ , which are essential for academic and lifelong success," Lyle said.

Nevertheless, individual schools are still able to request access to the chatbot for "purposes of AI and technology-related education," she added.

Since New York's announcement, the foundation has tried to reassure teachers. It said: "We don't want the chatbot to be used for misleading purposes in schools or anywhere else, so we're already developing mitigations[*5] to help anyone identify text generated by that system."

"We look forward to working with educators on useful solutions, and other ways to help teachers and students benefit from artificial intelligence," it added.

In December 2022, the foundation's CEO, Sam Altman, tweeted that the chatbot is "incredibly limited, but good enough at some things to create a misleading impression of greatness."

"It's a mistake to be relying on it for anything important right now. It's a preview of progress; we have lots of work to do on robustness[*6] and truthfulness," he said, adding, "Fun, creative inspiration; great! Reliance for factual queries; not such a good idea."

The chatbot has so far proved to be divisive[*7] among educators.

"The robots are here and they're going to be doing our students' homework," warned educator Dan Lewer on social media.

Lewer advises teachers to ask students who submit their essays at home to submit a "short and sweet" video response in which they "restate their thesis ... review some of their best evidence, their best arguments, their reasoning and then at the end I would have them reflect ... what did they learn from the essay ... what did they struggle with, where did they think they grew."

"This will help students develop better communication skills while helping you ensure they're really learning the material," said Lewer.

*¹ chatbot: 自動会話プログラム

*² stunningly < stunning: extremely surprising and shocking

*³ churn out: to produce large quantities of something, especially without caring about
　　　　　　quality

*⁴ plagiarize: to take words or ideas from another person's work and use them in your
　　　　　　own work, without stating that they are not your own

*⁵ mitigation < mitigate: to make something less harmful, serious, etc.

*⁶ robustness < robust: strong and not likely to fail or become weak

*⁷ divisive: causing a lot of disagreement between people

【No. 23】　Select the most suitable words from those below to fill in the blank space ⬚ .

1. it damages eyesight through overwork and stress

2. it does not build critical-thinking and problem-solving skills

3. it gives an accurate and deep knowledge of writing skills

4. it is incapable of answering additional questions about science-related topics

5. it leads students to copy famous writers' style and format legally

【No. 24】　Select the statement which best corresponds to the contents of the passage.

1. New York City has prohibited students from using the chatbot because their grades had declined.

2. The chatbot has been developed on the basis of extensive data entered by its users.

3. The foundation is ready to take legal action against a student who used the chatbot to cheat on an exam.

4. There has been no room for discussion about the usefulness of the chatbot in education.

5. An educator suggests that teachers should assign students an additional task that encourages them to think deeply and logically.

【No. 25】 次の会話の(　　　)内に㋐〜㋖の語句を文意が通るように並べ替えて入れるとき、
1番目と6番目に来るものの組合せとして最も妥当なのはどれか。

A：Thanks for coming with me to the dog shelter.

B：Thanks for inviting me. I'm so excited!

A：Remember, we have to be quiet.

B：Okay.

A：Do you see the dog in this doghouse? This (　　　　　　　).

B：What a cute face! She looks like she's smiling.

　㋐ the longest　㋑ has been　㋒ is　㋓ the　㋔ that　㋕ dog　㋖ here

　　　1番目　　6番目
1.　　㋒　　　㋕
2.　　㋒　　　㋖
3.　　㋓　　　㋖
4.　　㋕　　　㋐
5.　　㋕　　　㋔

【No. 26】 The following is ticket information for a zoo. Select the statement which best corresponds to what can be read from the information.

1-Day Pass – Any Day

（Online offer only; advance purchase required.）

Includes: One visit to the ABC Zoo, Guided Bus Tour, Monkey Express Bus, Panda Tram, and all regularly scheduled experiences. Experiences above subject to availability.

1-Day Pass Any Day tickets valid any day within one year from date of purchase. Cannot be exchanged for Value Days ticket. No reservation required.

Adult	Child
Ages 12+	Ages 3-11
~~$71~~ $69 (SAVE NOW!)	~~$61~~ $59 (SAVE NOW!)

1-Day Pass Plus – Value Days

（Online offer only; advance purchase required. Select days only.）

Includes all the features of the 1-Day Pass, plus one 4D Theater Experience. Subject to availability.

1-Day Pass Plus Value Days ticket valid on any Value Day （see calendar） within one year from date of purchase. Cannot be combined with any other discount/offer/promotion. No reservation required.

Adult	Child
Ages 12+	Ages 3-11
~~$78~~ $74 (SAVE NOW!)	~~$68~~ $64 (SAVE NOW!)

Calendar （2023）

■ Value Days

January

SUN	MON	TUE	WED	THU	FRI	SAT
1	2	3	4	5	6	7
8	9	10	11	12	13	14
15	16	17	18	19	20	21
22	23	24	25	26	27	28
29	30	31				

February

SUN	MON	TUE	WED	THU	FRI	SAT
			1	2	3	4
5	6	7	8	9	10	11
12	13	14	15	16	17	18
19	20	21	22	23	24	25
26	27	28				

March

SUN	MON	TUE	WED	THU	FRI	SAT
			1	2	3	4
5	6	7	8	9	10	11
12	13	14	15	16	17	18
19	20	21	22	23	24	25
26	27	28	29	30	31	

April

SUN	MON	TUE	WED	THU	FRI	SAT
						1
2	3	4	5	6	7	8
9	10	11	12	13	14	15
16	17	18	19	20	21	22
23	24	25	26	27	28	29
30						

※ open 365 days a year

学科試験（多肢選択式） 付 45

1. "1-Day Pass Any Day" tickets can be bought at a ticket office at the entrance gate if visitors have an advanced reservation.

2. Visitors with "1-Day Pass Plus Value Days" tickets cannot ride the Monkey Express Bus and the Panda Tram.

3. It is guaranteed that visitors with "1-Day Pass Plus Value Days" tickets can use them for the 4D Theater Experience on January 2, 2023.

4. An adult with a 5-year-old child can now save $4 in total when they buy "1-Day Pass Plus Value Days" tickets.

5. If visitors buy "1-Day Pass Any Day" tickets on March 17, 2023, they can visit the zoo on April 1, 2023 with the tickets.

数　学　3題　　　　　　　　　　　　　　　　　　　　　　解答時間：1時間20分

【No.　1】　以下の設問に答えよ。

(1)　$\tan\alpha = \sqrt{2}$，$\tan\beta = -1$ のとき、$\tan(\alpha + \beta)$ の値を求めよ。ただし、答えの分母を有理化すること。

(2)　赤玉4個、青玉2個、白玉1個を1列に並べるとき、その並べ方は全部で何通りあるか。

(3)　全体集合を $U = \left\{x \mid x \text{は12の約数}\right\}$ とする。$A = \left\{x \mid x \in U,\ x \text{は2の倍数}\right\}$，$B = \left\{x \mid x \in U,\ x \text{は3の倍数}\right\}$ とするとき、集合 $A \cap \overline{B}$ の要素を書き並べて表せ。ただし、$\overline{B}$ は集合 B の補集合である。

(4)　関数 $y = 2\sqrt{2}\sin x + \cos 2x$（$0 \leqq x \leqq \pi$）の最大値及び最小値を求めよ。また、そのときの x の値を求めよ。

【No.　2】　三角形 OAB において OA $= 4$，OB $= 3$，AB $= \sqrt{13}$ とし、$\overrightarrow{OA} = \vec{a}$，$\overrightarrow{OB} = \vec{b}$ とする。以下の設問に答えよ。

(1)　内積 $\vec{a} \cdot \vec{b}$ の値を求めよ。

(2)　三角形 OAB の垂心を H とするとき、$\overrightarrow{OH}$ を $\vec{a}$，$\vec{b}$ を用いて表せ。

(3)　三角形 OAB の重心を G とする。点 P を $\overrightarrow{HP} = \dfrac{3}{2}\overrightarrow{HG}$ により定めると、点 P は三角形 OAB の外心となることを示せ。

【No.　3】　以下の設問に答えよ。

(1)　2次方程式 $ax^2 + bx + c = 0$ が異なる実数解 α，β をもつとき、等式 $ax^2 + bx + c = a(x - \alpha)(x - \beta)$ が成り立つ。このとき、以下の等式を証明せよ。

$$\int_{\alpha}^{\beta}(ax^2 + bx + c)dx = -\frac{a}{6}(\beta - \alpha)^3$$

(2)　a 及び k を定数とし、$k > 0$ とする。二つの関数 $y = f(x) = x^2$ と $y = g(x) = -(x - a)^2 + k(a^2 + 1)$ を考える。

(i)　$y = f(x)$ と $y = g(x)$ が異なる二つの共有点をもつような a の値の範囲を、k を用いて表せ。

(ii)　$y = f(x)$ と $y = g(x)$ が異なる二つの共有点をもつとき、$y = f(x)$ と $y = g(x)$ で囲まれた部分の面積 S が a の値に関係なく一定となるような k の値を求めよ。また、そのときの S の値を求めよ。

【No.　1】　次の文章を読み、問い(1)〜(4)に答えよ。

An elderly couple has died after eating poisonous pufferfish in Malaysia, prompting an appeal from their daughter for stronger laws to prevent others from suffering the same fate.　Ng Chuan Sing and his wife Lim Siew Guan, both in their early 80s, unknowingly purchased at least two pufferfish from an online vendor on March 25, said authorities in the southern state of Johor.　The same day Lim fried the fish for lunch and began to experience "breathing difficulties and shivers," authorities said.　An hour after eating the meal, her husband Ng also started showing similar symptoms, they added.　The couple was rushed to hospital and admitted to the intensive care unit, and Lim was pronounced dead at 7 p.m. local time.　Ng fell into a coma[*1] for eight days but his condition worsened and he died, said the couple's daughter, Ng Ai Lee, who gave a press conference at the couple's home on April 2 before their funeral.

Ng demanded accountability[*2] for her parents' death and for stronger laws in Malaysia, where at least 30 species of pufferfish are commonly found in surrounding waters.　"Those responsible for their deaths should be held accountable under the law and I hope the authorities will speed up investigations," Ng said.　"I also hope the Malaysian government will beef up enforcement[*3] and help to raise public awareness on pufferfish poisoning to prevent such incidents from happening again."　Malaysian law prohibits the sale of poisonous and harmful food like pufferfish meat and the offense carries a fine of RM10,000（$2,300）or a prison term of up to two years.　Despite the dangers, poisonous pufferfish are sold at many Malaysian wet markets, experts said.　"It's considered exotic and tends to attract consumers," said Aileen Tan, a marine biologist and director at the Universiti Sains Malaysia Centre for Marine and Coastal Studies.　"Once pufferfish have been cleaned and sold as slices, it is nearly impossible for the public to know the type of fish that they purchased," Tan warned.　"As for sellers, it is debatable on their（part）if they are aware（of the risks）."　"There needs to be more awareness about the risks of consuming pufferfish — maybe authorities need to look at special certifications for <u>vendor</u>s and suppliers," she said.

Commonly referred to as 'fugu' — the Japanese term for pufferfish — pufferfish meat is enjoyed as a highly-priced delicacy despite containing deadly poison.　The fish's organs, as well as skin, blood and bones, contain high concentrations of a deadly poison known as tetrodotoxin.　Ingestion[*4] can rapidly cause tingling[*5] around the mouth and dizziness[*6], which may be followed by convulsions[*7], respiratory paralysis[*8] and death, medical experts say.　It is most commonly served in high-end Tokyo restaurants as sashimi and hot pot ingredients but has also caught on in popularity in countries like South Korea and Singapore, where dedicated fugu restaurants operate. Under Japanese law, fugu chefs must undergo extensive apprenticeships*9 of up to three years before they are licensed and allowed to handle and prepare the fish for food. Incorrectly prepared fugu has been found to be one of the most frequent causes of food poisoning in Japan, according to its health ministry. There is no known antidote to the poison. Despite the danger and risks, fugu has grown in popularity especially among gourmets and thrill seekers and is now also eaten in countries outside Japan — at times, unregulated. In 2020, food poisoning killed three people in the Philippines after they ate pufferfish from a local barbecue stand.

The Malaysian health ministry said 58 poisoning incidents involving pufferfish consumption, including 18 deaths, were reported in the country between 1985 and 2023. Photos shared by Ng on social media showed two pufferfish cooked by the couple — fried, headless and served on plates. Their deaths sparked a public outcry*10 and outpouring of sympathy, authorities are investigating who sold them the fish. "The state district health office has opened investigations under the Food Act 1983... and carried out an investigation on the ground to identify the supplier, wholesaler and seller of the pufferfish," Ling Tian Soon, chief of the Johor Health and Unity Committee, said in a statement. He added that his health department would be holding discussions with the Fisheries Development Authority of Malaysia, a government agency overseeing seafood supplies in the country as well as local universities with fishery expertise. "Information on pufferfish has also been posted on the Health Ministry's Food Safety and Quality social media page," Ling said. "We urge the public to be careful when choosing their food, especially if it has known risks."

*1 coma: 昏睡状態

*2 accountability: 説明責任

*3 beef up enforcement: 強化する

*4 ingestion: 摂取

*5 tingling: うずき、ヒリヒリ

*6 dizziness: めまい

*7 convulsion: 痙攣

*8 respiratory paralysis: 呼吸麻痺

*9 apprenticeship: 見習い実習

*10 outcry: 抗議

(1) 犠牲者の家族がマレーシア当局に求めた内容のうち、フグの毒性に関する周知の徹底以外を二つ挙げ、それぞれ 20 文字以内の日本語で説明せよ。

(2) 日本では、フグの調理を行う者に対して、免許が交付される前に何を求めているか。30 文字以内の日本語で説明せよ。

(3) 下線部の語句と同じ意味の 1 語を、本文中から抜き出せ。

(4) 本文中の事故に関連して、マレーシア当局は国民に対しては具体的にどのような注意喚起を行っているか。本文中から 1 文で抜き出せ。

【No. 2】 次の文章を読み、問い(1)、(2)、(3)に答えよ。

The world's nights are getting alarmingly brighter — bad news for all sorts of creatures, humans included.

A German-led team reported that light pollution is threatening darkness almost everywhere. Satellite observations during five Octobers show Earth's artificially lit outdoor area grew by 2 percent a year from 2012 to 2016. So did nighttime brightness.

Light pollution is actually worse than that, according to the researchers. Their measurements coincide with[*1] the outdoor switch to energy-efficient and cost-saving light-emitting diodes, or LEDs. Because the imaging sensor on the polar-orbiting[*2] weather satellite can't detect the LED-generated color blue, some light is missed.

The observations indicate stable levels of night light in the United States, Netherlands, Spain and Italy. But light pollution is almost certainly on the rise in those countries given this elusive blue light, said Christopher Kyba of the GFZ German Research Center for Geosciences and lead author of the study.

Also on the rise is the spread of light into the hinterlands[*3] and overall increased use. (A)The findings shatter the long-held notion that more energy-efficient lighting would decrease usage on the global scale.

"Honestly, I had thought and assumed and hoped that with LEDs we were turning the corner. There's also a lot more awareness of light pollution," he told reporters by phone from Potsdam. "It is quite disappointing."

The biological impact from surging artificial light is also significant.

People's sleep can be marred[*4], which in turn can affect their health. The migration and reproduction of birds, fish, amphibians[*5], insects and bats can be disrupted. Plants can have abnormally extended growing periods. And forget about seeing stars or the Milky Way, if the trend continues.

The only places with dramatic declines in night light were in areas of conflict like Syria and Yemen, the researchers found. Australia also reported a noticeable drop, but that's because wildfires were raging early in the study. Researchers were unable to filter out the bright burning light.

Asia, Africa and South America, for the most part, saw a surge in artificial night lighting. More and more places are installing outdoor lighting given its low cost and the overall growth in communities' wealth, the scientists noted.

Urban sprawl[*6] is also moving towns farther out. The outskirts of major cities in developing nations are brightening quite rapidly, Kyba said. Other especially bright hot spots: sprawling greenhouses in the Netherlands and elsewhere. Franz Holker of the

Leibniz Institute of Freshwater Ecology and Inland Fisheries in Berlin, a co-author, said things are at the critical point.

"Many people are using light at night without really thinking about the cost," Holker said. (B)Not just the economic cost, "but also the cost that you have to pay from an ecological, environmental perspective."

$*^1$ coincide with: to happen at the same time as something else

$*^2$ polar-orbiting:

    polar: relating to the North or South Pole or the areas

    orbit: to move in a curved path around a much larger object, especially a planet, star, etc.

$*^3$ hinterland: an area of land far away from a city

$*^4$ mar: to spoil something, making it less good or less enjoyable

$*^5$ amphibian: an animal, such as a frog, that lives in water for the first part of its life and on land when it is an adult

$*^6$ urban sprawl: the spread of city buildings and house into an area that was countryside

(1) 下線部(A)を和訳せよ。

(2) 下線部(B)を和訳せよ。

(3) 本文で述べられている人工照明の急増が生き物に及ぼす影響を二つ挙げ、合わせて50文字以内の日本語で説明せよ。

【No. 3】 次の問い(1)、(2)に答えよ。

(1) 次のA～Eの文章をそれぞれ英訳せよ。

A．どうされたのですか。

B．あなたは今朝からずっとここにいるのですか。

C．ほとんどの人々はたいてい夜に就寝する。

D．彼らは救助を求めているように見える。

E．今週末、地球温暖化についての会議が開かれる。

(2) 次のA～Eの文章を英訳したとき、（　　　　）内に入る1語をそれぞれ記せ。

A．「私は新しい電子機器には全く興味がありません。」「そうなんですね。」
   "I am not interested in new electronic devices at all." "（　　　　）you?"

B．その出来事をどう説明すればよいか分からなかったので、私はうつむいていた。
   Not（　　　　）how to describe the accident, I looked down.

C．問題を解くにはほとんど時間が残されていない。
   I have（　　　　）time to answer the question.

D．汚さない限り、この机を使用してもよい。
   You can use this desk, as（　　　　）as you keep it clean.

E．明らかに、彼女はその意見には反対だった。
   To be（　　　　）, she was against that opinion.

（課　題）

他者に敬意を持って接することの大切さについて

※作文の解答例については掲載していません。

●海上保安大学校：本科

【No.　1】　次の文の内容と合致するものとして最も妥当なのはどれか。

　現在とか過去という概念は決して現実のものではなく、観察者の見方の中では単なる抽象的なものにすぎない。それは事実上この上級概念のもとで個々の出来事の中から選ばれたものであって、観察者の立場でまとめられたものにすぎない。しかし現在と過去の出来事を認識し、証明する場合には基本的な違いがある。現在の個々の事実の観察の際にはそれはすでに過去に転化しており、その具体的な形では繰り返しができず、起こらなかったとすることもできない。しかし現在の探求に際しては多くの場合、この点は括弧に入れることができる。しかし過去の研究の際にはそうはいかない。

　過ぎ去った出来事はもはやリアルには存在しておらず、極めて限られた場合しか繰り返されない。歴史的な出来事はひとたび演じ終わるともはや存在していないが、しかしリアルな痕跡を残している。一つには歴史史料という形で、他方では影響という形で。歴史家の仕事は他の社会科学者の仕事とは根本的に異なっている。社会科学者の研究では対象がリアルに存在しており、そのために歴史を歴史社会学に置き換えることは不可能である。通時態＊では影響は決定的な役割を担う。それは過去の形成に強制的にかかわっている。歴史は今日しばしば主張されているように、そのときどきの過去のイメージではない。それは過去と直接に結びついている。過去はみな二つの局面で現れる。過ぎ去ったものの変わらない形と、そのときどきに現在的な必ず変わる形との二つである。

　歴史家は芸術家と違って史料に依拠している。史料の解釈によってある事実が証明できるか、誤りとされるかだからである。すでに見たように過去は一方で史料から読み取ることができる。他方でそれは影響を残す。しかし第二の流れ、つまり過去の像がそれによって作られている第二の流れが無視されている。過去が生き残っているということは歴史学においては必然的に大きな役割を果たして来た。この点が全く注目されてこなかった。

　史料に基づいてのみ客観的に変わらない過去の像が再構成されるという考え方の結果、研究が進むとますます過去の正しい像に近づくことができるという信仰が生み出された。この考え方は無意識のうちに過去の第二の像、影響を括弧に入れ、物事の上に立つという歴史学の幻想を養ってきた。つまり力によることなく出来事の経過を観察し、歴史の再構成に努力しているという幻想である。

　（注）＊通時態：現象の時間的な変化を問題にすること。

1. 過去の出来事が残した痕跡を史料ではなく影響という面から重点的に研究することで、過去の概念を客観的なものとしてまとめることができる。

2. 過去の出来事は過去においては現在であったため、その時点では歴史を歴史社会学に置き換えることは可能であった。

3. 過去の出来事が残した歴史への影響が顧みられてこなかった原因として、過去の像の再構成は、史料に基づいて行わなければならないという考え方があったことが挙げられる。

4. 史料は過去の出来事を変わらない形で残しており、その客観性の中で、過去は当時の姿を保ったまま生き残ることができる。

5. 史料に依拠することなく、歴史が現在に残している過去の像を観察し続けることで、歴史を再構成することができる。

●海上保安大学校：海上保安官採用試験（初任科）

【No.　2】　次の文の内容と合致するものとして最も妥当なのはどれか。

　人の間と書いて「人間」というくらいですから、もともと人間は共同的本質を帯びていると考えられます。その本質が目に見える形で直接現実の人間関係として具体化されたあり方が、かつてのムラ的共同体なわけです。そこでは、つながりをものすごく緊密にして、とにかく「一緒にいる、一緒でいる」ということがとても大事に考えられていたわけです。

　「みんな同じ」ということをとりわけ大切にする感じ方、考え方をここでは同質性の重視と呼びましょう。そして共同性という人間的本質が「同質性」をとりわけ強調されて現実化される性質を持つ場合、「同質的共同性」というキーワードを用いることにします。伝統的なムラ社会のようなところでは、従来望ましいと考えられてきた人間関係のあり方です。

　しかし、現代社会において人間の共同性は、一方でとても抽象的な形で、直接的でなく間接的、媒介的な性質を帯びてますます広がっています。

　みなさんはあまりお気づきになっていないかもしれませんが、「貨幣（＝お金）」に媒介された人間関係がそれです。貨幣が社会全体に浸透しているということは、じつは人間の共同性がなくなって、みんなバラバラになってしまったのではなく、目に見えない間接的な形で人間の共同的本質が世界規模に拡散したと考えた方が正確です。

　それが「グローバル化」ということの意味です。

　貨幣とは、共同性という人間的本質が、抽象的な形で具現化したものと理解することができます。これを「抽象的共同性」と言い表すことができるでしょう。

　だって、私たちが着ているジャケットはお隣の国、中国の名も知らない誰かが縫製したものかもしれませんし、今飲んだコーヒーの豆は地球の裏側のブラジルからいろいろな人の手を介して運ばれてきたものかもしれません。

　個人が経済的に自立するというのは、貨幣を媒介することによって、世界レベルで他者たちの活動へ依存するということと表裏一体なのです。生活の基盤をつくる人びとの〈つながり〉が、直接的に目に見える人たちへの直接的依存関係から、貨幣と物を媒介にして目に見えない多くの人たちへの間接的依存関係へと変質したのです。これが現代の共同性の実現の一方のあり方です。

　そして一方で、こうした生活基盤の成立によって、家族関係や友人関係といった身近な他者との関係において親しさや暖かさを純粋に求める時間的余裕や意識のあり方（＝よりプライベートな関係や活動を大切にするなど）が可能になっているのです。

　しかし現代社会におけるこうした共同性の二重の成り立ちにきちんと対応するしかたで、人びとの精神的構えが出来上がっていないのが現状なのではないでしょうか。

1. 伝統的なムラ社会において望ましいとされてきた「同質的共同性」は、人間の共同的本質である人びとのつながりを抽象的かつ間接的な形で具現化したものと理解できる。

2. 「グローバル化」によって人間の共同性がなくなり、人びとの精神的支えが失われた現代では、「みんな同じ」であることをとりわけ大切にする同質性の重視がより一層強調されている。

3. 貨幣を媒介することによって、世界の人びとの活動へ依存しながらも個人が経済的に自立したことで、共同性の二重の成り立ちにきちんと対応する構えが出来上がった。

4. 現代社会においては、「抽象的共同性」という人間関係のあり方によって、身近な他者との関係において親しさや暖かさを純粋に求める時間的余裕をもつことが可能になった。

5. 現代の人びとは、世界規模に拡散した共同的本質が直接的な形で目に見えているにもかかわらず、貨幣に媒介された人間関係が広がっていることに気づいていない。

【No. 3】 次の文の内容と合致するものとして最も妥当なのはどれか。

　ひとは、すべての情報を入手してから、万全の決断をしたいと思っている。だが、すべての情報が手に入ったならば、それは唯一の合理的解決が見えているときで、決断するまでもないであろう。すべての情報を入手したいと主張するのは、むしろ決断したくないと主張することに等しいのである。

　そのようなことをいうと、決まって口出しをしてくる学者たちがいる。

　──そのときの判断の正しさを決めるのは、どのようなものか。その正しさの根拠は何か。

　人間はもともと利己的な存在であって、自己保存と生殖のために欲望を満たすのだ。いや、共感というものがあるからこそひとを助けるために危険を冒すのだ。いや、良心にたちかえりさえすればなすべきことはおのずから決まってくるのだ。いや、理性があるかぎりにおいて、絶対的な規範に従うよりほかはないのだ。いや……

　そうした議論をしはじめる学者たちに対しては、わたしは「それは倫理学的にいえばうかつである」といいたい。なぜなら、そうした議論は、事情が切羽詰っていない穏便なときに、理論的に考察する結果として生じるのであるが、実践における真実は、不可避的にそうした議論を虚しくさせることであろう。

　そうした議論では、各人がそれぞれなすべきことについての理論を通じて行動を決定すると考えているが、倫理的なことがらに関しては、われわれはときとともに、状況に応じて判断が変わっていくということを知っていなければならない。認識された状況に従って理論が判断を与えるのではなく、状況が差向けてくる意味に対して直接判断が生じてくる。そこでは、状況の持分とわたしの持分を区別することすらできないだろう。

　行動が出来事のなかに見つけだされて物語られる論理と、出来事のなかでひとがなす行動の論理とのあいだには、本質的な差異が潜んでいる。その差異を跳越えて、生きられた行動と語られた行動を同一化(同定)することができるのは、行動しつつある本人だけである。はたで観察している理論家には、そもそもそうした差異は、看てとることすらできないであろう。

　理論的であろうとして状況を余計に混乱させるひともいるが、理論とは、一般にひとがなす行動の理論であれ、なすべきとされる行動の理論であれ、状況を大雑把に整理して、そこで可能な判断を、人間がどうでなければならないかの宗教的前提をふまえて一般化したものにすぎない。ひとが切羽詰った状況の瞬間に立会うときには、そうした理論は脇において、(動物が最大限の行動をするように)だれしも自分に可能な最大限の思考をするに違いない。

　この「最大限」というところに、赤線でも引いてもらいたい。そのようなときには、自分の判断が正しいかどうかということよりも、むしろ、自分がどのような人間なのかが賭けられてしまう。思考はわたしの行動であり、わたしの自由な意識によってではなく、わたしの存在によって生じるのだからである。

1．優柔不断なひとはあらゆる情報を得てから判断しようとするが、決断力のあるひとは少ない情報からも正しい根拠をもって論理的に判断できるものである。

2．学者たちが平穏な環境において理論的に考察した意見は、個別の状況や個々の人間を緻密に整理して分析した結果に基づいており、学問的価値が高い。

3．倫理的な事象においては、状況に応じて判断が変わっていくことがあり、また、行動の当事者と観察者とでは看てとることが異なっている。

4．自分に可能な最大限の思考は、各人がそれぞれなすべきことについての絶対的な規範を脇におき、出来事を別の観点から理性的、客観的に捉え直すことで生まれる。

5．落ち着いて物事を考える時間もないほどの切羽詰った状況においてこそ、そのひとの本来の人間性があらわれるものであり、普段の言動だけで他者の人間性を決めつけてはいけない。

【No. 4】 次の文の内容と合致するものとして最も妥当なのはどれか。

　生体を構成している分子は、すべて高速で分解され、食物として摂取した分子と置き換えられている。身体のあらゆる組織や細胞の中身はこうして常に作り変えられ、更新され続けているのである。

　だから、私たちの身体は分子的な実体としては、数ヵ月前の自分とはまったく別物になっている。分子は環境からやってきて、いっとき、淀みとしての私たちを作り出し、次の瞬間にはまた環境へと解き放たれていく。

　つまり、環境は常に私たちの身体の中を通り抜けている。いや「通り抜ける」という表現も正確ではない。なぜなら、そこには分子が「通り過ぎる」べき容れ物があったわけではなく、ここで容れ物と呼んでいる私たちの身体自体も「通り過ぎつつある」分子が、一時的に形作っているにすぎないからである。

　つまり、そこにあるのは、流れそのものでしかない。その流れの中で、私たちの身体は変わりつつ、かろうじて一定の状態を保っている。その流れ自体が「生きている」ということなのである。シェーンハイマーは、この生命の特異的なありようをダイナミック・ステイト（動的な状態）と呼んだ。私はこの概念をさらに拡張し、生命の均衡の重要性をより強調するため「動的平衡」と訳したい。英語で記せば dynamic equilibrium（equi＝等しい、librium＝天秤）となる。

　ここで私たちは改めて「生命とは何か？」という問いに答えることができる。「生命とは動的平衡にあるシステムである」という回答である。

　そして、ここにはもう一つの重要な啓示がある。それは可変的でサスティナブル（永続的）を特徴とする生命というシステムは、その物質的構造基盤、つまり構成分子そのものに依存しているのではなく、その流れがもたらす「効果」であるということだ。生命現象とは構造ではなく「効果」なのである。

　サスティナブルであることを考えるとき、これは多くのことを示唆してくれる。サスティナブルなものは常に動いている。その動きは「流れ」、もしくは環境との大循環の輪の中にある。サスティナブルは流れながらも、環境とのあいだに一定の平衡状態を保っている。

 1. 私たちの身体は静的なパーツから成る分子の集合体であるが、各分子は、置き換わる速度と部位に違いがあるものの、すべて高速で分解され、食物として摂取した分子と置き換えられている。
 2. シェーンハイマーは、環境からやってきた分子が、容れ物としての私たちの身体自体を強固に形作っていることに着目して、これをダイナミック・ステイトと呼んだ。
 3. 動的平衡とは、個体としての生命が、外界と隔てられた実体として存在するために、その物質的構造基盤を環境に適合させて、分子レベルで安定的な状態を保つことである。
 4. 生命とは何かという問いかけに対して、私たちは生命の均衡の重要性を強調する必要があるが、生命の均衡を維持するためには、静的な均衡と同等に、動的な均衡を重視しなければならない。
 5. サスティナブルなものは、動きながら常に自分を作り変えて、環境とのあいだに一定の平衡状態を保っている。

【No. 5】 次の文の □ に当てはまるものとして最も妥当なのはどれか。

　自然法則は、果たして人間とどこまで関係するのだろうか。もちろん、自然界の現象は人間が法則を発見するかどうかに関係なく生じているし、人工的な技術で自然法則そのものを変えられるわけではない。それでも、自然法則が自然に対する人間の認識を反映していることは確かなのである。アインシュタインは次のように述べている。

　「科学は法則のコレクションや、関係のない事実のカタログのようなものではない。□ □ 」

　自然法則に神秘を感じると、それを「神の法則」と呼びたくなるかもしれない。しかし、いかなる法則も科学の進歩によって修正される可能性があるから、それは正しくない。もし地球以外の星に宇宙人（知的生命体）がいるならば、人間が発見してきた自然法則と同じものを見つけているのだろうか。そもそも、宇宙人の知性を司るものが仮に「脳」だとしても、それが人間のものと同じような構造と機能を持つとは限らないではないか。

　人間の脳は、地上の環境に適応していく進化の過程で、偶然の遺伝子変異を幾度となく伴って変化してきた。宇宙人は、人間とは全く異なる視点と思考で法則を発見している可能性がある。

1. 科学は人間の知性による一つの産物であり、自由に創られた考え方や概念を伴うものだ。

2. 科学は、神からも人間の認識からも切り離された自然法則の統合によって成立するものだ。

3. 科学において、物理現象の生起は個々の観測者の立場によって相対的だが、物事の原因と結果の順番は絶対的だ。

4. 科学は、誤りを全て堅固な真理によって無効にし、我々を万物の確知へと到達させてきた唯一のものだ。

5. 科学は、人間が進化の過程で創造してきた、環境に適した自然法則の総体だ。

【No. 6】 次の _____ の文の後に、A～Eを並べ替えて続けると意味の通った文章になるが、その順序として最も妥当なのはどれか。

> 経済学者ジョン・ガルブレイスは、20世紀半ば、1958年に著した『ゆたかな社会』でこんなことを述べている。
>
> 現代人は自分が何をしたいのかを自分で意識することができなくなってしまっている。広告やセールスマンの言葉によって組み立てられてはじめて自分の欲望がはっきりするのだ。自分が欲しいものが何であるのかを広告屋に教えてもらうというこのような事態は、19世紀の初めなら思いもよらぬことであったに違いない。
>
> 経済は消費者の需要によって動いているし動くべきであるとする「消費者主権」という考えが長く経済学を支配していたがために、自分の考えは経済学者たちから強い抵抗にあったとガルブレイスは述べている。

A：ガルブレイスによれば、そんなものは経済学者の思い込みにすぎない。だからこう指摘したのである。高度消費社会——彼の言う「ゆたかな社会」——においては、供給が需要に先行している。

B：いまとなってはガルブレイスの主張はだれの目にも明らかである。消費者のなかで欲望が自由に決定されるなどとはだれも信じてはいない。欲望は生産に依存する。生産は生産によって満たされるべき欲望を作り出す。

C：いや、それどころか、供給側が需要を操作している。

D：つまり、消費者が何かを必要としているという事実（需要）が最初にあり、それを生産者が感知してモノを生産する（供給）、これこそが経済の基礎であると考えられていたというわけだ。

E：つまり、生産者が消費者に「あなたが欲しいのはこれなんですよ」と語りかけ、それを買わせるようにしている、と。

1. A→B→E→C→D
2. A→D→C→B→E
3. B→C→E→A→D
4. D→A→C→E→B
5. D→E→A→B→C

【No. 7】 次の文の内容と合致するものとして最も妥当なのはどれか。

Massive Native American drawings — which remained unseen in an Alabama cave for more than 1,000 years — have been unveiled by a team of scientists. It's the largest known cave art ever discovered in North America. The art was practically invisible until researchers investigated the cave and used 3D scans to reveal the works, including one stretching for 11 feet (3.4 meters) in length.

The large artwork was discovered inside 19th Unnamed Cave in Alabama, which has been kept anonymous to protect the site from vandalism[*1]. Although its location was first found in 1998, the tight confines of the cave made the sprawling art, drawn in mud, impossible to see, so it was missed. But hundreds of smaller images were discovered throughout the cave at that time.

The giant glyphs[*2] may depict spirits of the underworld and have been dated to the first millennium AD. The art was created precontact, or prior to the Native Americans encountering outside cultures, according to the study.

Jan F. Simek, a distinguished professor of science at The University of Tennessee, Knoxville, and a team of researchers initially stumbled upon the giant drawings while working on documenting the cave interior beginning in 2017. "We knew the cave contains precontact Native American mud glyphs, and we were carrying out a 3D photogrammetry documentation project to aid with management and conservation," Simek, lead study author, said. "The very large cave art images cannot be seen in person in the cave because of the constrained spaces on the site."

The photogrammetry process involves taking thousands of photos to create a 3D model of something. It produced an accurate record of the site, but had the added benefit of unveiling the secret artwork — especially given the cave's very low ceilings.

(注)[*1] vandalism：（公共物等の）破壊、文化芸術破壊　　[*2] glyph：シンボル、絵文字

1. アラバマ州にある 19 番目の無名洞窟が発見された後、泥流が発生したため、2017 年までの間、この洞窟の内部への立入りが不可能となっていた。

2. 2017 年から洞窟の調査を開始した研究者たちは、３Dスキャンを使用し、洞窟全体の至る所に描かれた数百もの小さな壁画を初めて発見した。

3. 長さ 11 フィートのものも含む洞窟壁画は、北米で発見されたものの中で過去最大のものであり、研究によれば、ネイティブアメリカンが外部の文化に出会う前に描いたものとされている。

4. Simek 氏は、洞窟内部の空間が広い上、壁画が非常に大きいことから、正確な記録のための写真撮影は一人ではできず、複数の者で行わなければならないと述べた。

5. 今回、調査の対象となった洞窟の管理と保全のために、洞窟の場所は明らかにされておらず、また、洞窟への入り口は、目立たないように地表付近の低い位置に設けられている。

【No. 8】 次の文の内容と合致するものとして最も妥当なのはどれか。

Research published in 2016 led by the University of Oxford in collaboration with the Mexican Ministry of Health and the National Autonomous University of Mexico, showed that diabetes[1] was responsible for twice as many Mexican deaths as had previously thought, accounting for over a third of all deaths of those between 35 and 74 years old.

At the same time, University of Oxford modelling of the impact of health-related food taxation policies, conducted in collaboration with Reading University, showed that a 20% tax on sugary drinks could reduce the prevalence of obesity in adults in the UK by 1.3%.

Researchers engaged with policy makers throughout the research process and shared and discussed the implications of their findings, with a view to informing health policy.

In Mexico, discussion of research evidence with the Mexican Ministry of Health led to official recognition of diabetes and obesity as epidemiologic[2] emergencies, and the introduction of a wide range of health policies to tackle obesity including promoting healthy eating and physical activity, as well as the introduction of a sugary drinks tax.

The introduction of the tax in Mexico in turn influenced policy thinking in the UK, particularly the 2014 Public Health England proposal for a tax on high sugar foods and drinks. The proposal was discussed at the UK Parliamentary Health Select Committee's inquiry into childhood obesity in October 2015, with Professors Susan Jebb and Peter Scarborough presenting oral evidence to the committee. Building particularly on Oxford's evidence and policy engagement, the Committee recommended a sugary drinks tax in the UK in October 2015. The research also attracted extensive media attention and discussion and contributed to a significant change in public attitudes to sugary drinks taxes.

The Select Committee evidence and report, and increased public willingness to accept a sugar levy, led to increased political support for the proposal and the introduction of the UK Soft Drinks Industry Levy（SDIL）in March 2016.

An evaluation of the tax in Mexico shows that purchase of drinks attracting the tax fell by 7.6%, between 2014 and 2016. Models estimate this would lead to a reduction of nearly 200,000 cases of diabetes in the period 2013 to 2022. Further research by Oxford University indicates that the SDIL incentivised many manufacturers in the UK to reduce sugar in soft drinks, reducing population exposure to the health risks of liquid sugars.

（注）[1] diabetes：糖尿病　　[2] epidemiologic：疫学的な

1. メキシコ国民の全死亡件数の3分の1を超える件数を対象としてオックスフォード大学等が調査した結果、糖尿病を理由とする死亡件数が以前の2倍に増加していることが判明した。

2. メキシコでは、保健省との議論を経て、健康的な食事や運動の促進及び糖分を多く含む飲料に対する課税など肥満に対する幅広い政策が導入されることとなった。

3. 英国の議会で2015年に糖分を多く含む飲食料に対する課税の提案が議論された際、Jebb 教授らはメキシコにおける歯科医療の観点から意見を述べた。

4. 糖分を多く含む飲料に対する課税について、英国の国民からは理解を得られなかったが、国民へのメリットが大きいと考えられたことから SDIL の導入が決まった。

5. メキシコでは、2014年から2016年の間に飲料に含まれる砂糖の量が7.6％減少した。また、SDIL の影響により、英国の多くの製造業者が清涼飲料水の生産を減らすことが見込まれている。

【No. 9】 次の文の内容と合致するものとして最も妥当なのはどれか。

　　Researchers analysed 70,716 specimens from 52 North American migratory bird species collected over 40 years. The birds had died after colliding with buildings in Chicago, Illinois. The authors say the study is the largest of its kind and that the findings are important for understanding how animals will adapt to climate change.

　　"We found almost all of the species were getting smaller," said lead author Brian Weeks, an assistant professor at the school for environment and sustainability at the University of Michigan. "The species were pretty diverse, but responding in a similar way," he said. "The consistency was shocking." He said studies of animal responses to climate change often focus on shifts in geographical range or timing of life events, like migration and birth. But this study suggests body morphology* is a crucial third aspect. "That's one major implication," he said. "It's hard to understand how species will adapt without taking all three of these things into consideration."

　　The findings showed that from 1978 to 2016, the length of the birds' lower leg bone ─ a common measure of body size ─ shortened by 2.4%. Over the same time, the wings lengthened by 1.3%. The evidence suggests warming temperatures caused the decrease in body size, which in turn caused the increase in wing length. "Migration is an incredibly taxing thing they do," Mr Weeks said, explaining that the smaller body size means less energy available for the birds to complete their long journeys. He says the birds most likely to survive migration were the ones with longer wingspans that compensated for their smaller bodies. The scientists aren't exactly sure why warmer temperatures cause birds to shrink. One theory is that smaller animals are better at cooling off, losing body heat more quickly due to their larger surface-area-to-volume ratios.

（注）＊morphology：形態

1. 今回の調査では、40 年以上かけて 52 種類の渡り鳥を合計で約 7 万体収集し分析したが、その一部は調査後に研究室内で死んでしまった。
2. 気候変動に適応するため、様々な動物が小さくなってきており、将来的にはヒトも小さくなっていくだろうと推測されている。
3. 今回の調査により、渡り鳥は、気候変動に伴い、体の大きさなど形態に加え、生息地域や生殖時期も変化していることが新たに判明した。
4. 今回の調査により、調査対象の渡り鳥の脚の骨が約 40 年の間に短くなっていることが判明したが、気温上昇との因果関係は完全には明らかにされていない。
5. 渡り鳥は冷たい上空を通るため、翼に比べて体が大きい鳥の方が、体温が下がりやすくエネルギーの消費量が少なく、長距離の移動に適しているとされている。

【No. 10】 次の [____] の文の後に、ア～エを並べ替えて続けると意味の通った文章になるが、その順序として最も妥当なのはどれか。

> When it comes to providing reassurance, touch plays a major role for humans. Whether it's a squeeze of the hand or a pat on the shoulder, people intuitively use touch to provide comfort or reassurance to someone feeling sick or anxious, for example.

ア：This might sound a bit dystopian for some, but touch interactions by robots can offer a suitable substitute for similar interactions by humans and provide positive emotional experiences, according to research.

イ：Studies have shown that therapies involving touch can elicit positive emotional responses, but it can be difficult for healthcare services to provide sufficient touch-based therapy to people who might need it — an elderly person living alone, for example.

ウ：But there's a balance. Studies have also shown that while a gentle touch from a robot might be a comforting experience for some, it can also be experienced as "violent" if there isn't enough communication from the robot and no consent from the person being touched, say a group of Japanese researchers who have set out to solve the issue.

エ：The answer may lie in getting robots to comfort us instead.

1. ア→エ→イ→ウ
2. イ→ウ→エ→ア
3. イ→エ→ア→ウ
4. ウ→ア→エ→イ
5. ウ→イ→ア→エ

【No. 11】 次の文の　　　　　に当てはまるものとして最も妥当なのはどれか。

Good sleep is hard to come by. According to the U.S. government, more than one-third of adults routinely fail to get a healthy amount of sleep, defined as a minimum of seven hours a night. If your night owl tendencies are ruining your sleep, there are steps you can take to become more of a morning person.

The first thing to keep in mind is that your bedtime to some extent is influenced by your genetics. Everyone has a personal biological rhythm, or chronotype[1], that determines their optimal time to fall asleep and wake up. Studies show that there are many genes that nudge some of us to be morning people, some of us to be night owls, and others to fall somewhere in between.

One study published in the journal Nature Communications, for example, analyzed the sleep habits of nearly 700,000 people and identified a large number of genes that play a role in whether someone is a morning person or not. On average, people who carried the highest number of genetic variants for "morningness" tended to fall asleep and wake up about half an hour earlier than people who carried the fewest.

"Your circadian[2] rhythm tendencies are genetic and can't really be changed," said Dr. Ilene M. Rosen, a sleep medicine doctor and associate professor of medicine at the Perelman School of Medicine at the University of Pennsylvania, referring to the body's innate 24-hour circadian cycles that govern when we wake up and fall asleep. "But the good news is that 　　　　　　　　　　　　　."

Just because you're currently operating as a night owl doesn't mean you are destined to burn the midnight oil. It's possible you stay up past your optimal bedtime because of distractions. Many people who might naturally fall asleep around 10 p.m., for example, end up staying up until midnight to work, surf the web or binge on[3] Netflix. That makes it harder to wake up in the morning.

But you can become more of a morning person by focusing on your morning routine.

（注）[1] chronotype：いわゆる朝型・夜型などの生活習慣を反映した特性

　　　[2] circadian：24 時間周期の、日周期性の　　　[3] binge on：～にふける、～に熱中する

1. morning people have more short sleep genes than night owls
2. more than one-third of adults in the U.S. are morning people
3. there are some effective medicines to change night owls into morning people
4. you have many distractions which help you wake up early in the morning
5. we can give our clocks some cues that influence them a little bit

【No. 12】 ある研究者がある地域の複数の民族について調査した結果、「ある民族に祭りがあれば、そこには文字があるか又は楽器がある。」ということが分かった。ここで、この調査結果を基に、「ある民族に祭りがあれば、そこには伝統がある。」ということを証明するためには、次のうちではどれがいえればよいか。

1. ある民族に文字がなく、かつ、楽器がなければ、そこには伝統がない。
2. ある民族に文字がなく、かつ、楽器がなければ、そこには祭りがない。
3. ある民族に文字があり、かつ、楽器があれば、そこには伝統がある。
4. ある民族に伝統がなければ、そこには文字がなく、かつ、楽器がない。
5. ある民族に伝統がなければ、そこには文字がないか又は楽器がない。

【No. 13】 8枚のピザがあり、1人ずつ順に一つのサイコロを1回振り、それぞれ出た目の枚数だけピザを取っていくとき、3人目が出た目の枚数だけピザを取り終えたところで過不足なく全てのピザがなくなる場合のサイコロの目の出方は何通りあるか。なお、ここで使用するサイコロは、1～6の異なる数字が各面に一つずつ書かれた立方体のことをいう。

1. 18通り
2. 21通り
3. 24通り
4. 27通り
5. 30通り

【No. 14】 ある日、A～Fの6人がそれぞれX、Y、Zの三つの公園のうちのいずれか一つに行った。公園には、シバザクラ、チューリップ、ツツジ、ポピー、マーガレットのうちいずれか2種類又は3種類の花が咲いており、咲いている花が2種類以上同じである公園はなかった。次のことが分かっているとき、確実にいえるのはどれか。

ただし、A～Fは、行った公園内にある全ての花を見たものとする。

○ AはY公園に行き、3種類の花を見た。そのうち1種類はポピーであった。

○ DとEはX公園に行き、2種類の花を見た。見た花が2種類であった者は、DとEのみであった。

○ チューリップを見なかった者は、Cのみであった。

○ シバザクラを見た者は3人であり、マーガレットを見た者も3人であった。

1. Bは、シバザクラとツツジを見た。
2. Cは、ツツジとポピーを見た。
3. Eは、シバザクラもポピーも見なかった。
4. Fは、ポピーもマーガレットも見なかった。
5. ツツジを見た者は3人であった。

【No. 15】 図は、ある音楽大学における学生寮の1区画であり、A～Fの全部で6部屋から成る。2022年度は、トランペット、フルート、ヴァイオリン、チェロのそれぞれの楽器の専攻者と指揮の専攻者の計5名が入寮し、1部屋は空室であったが、2023年度は、新たに声楽の専攻者1名が入寮し、一部の者は部屋を移動した。次のことが分かっているとき、確実にいえるのはどれか。

ただし、部屋の移動は2023年度初めの一度だけであり、2022年度から2023年度にかけて退寮した者はいなかった。また、1部屋に1名が入室するものとする。

なお、Aの向かいはDだけを指し、Aの隣はBだけを指し、AとBは隣どうしである。

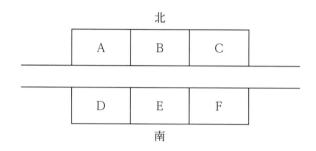

<2022年度>

○ ヴァイオリン専攻者の部屋は南側であり、空室の隣であった。

○ 空室の向かいはフルート専攻者の部屋であった。

○ 指揮専攻者の両隣はトランペット専攻者とフルート専攻者の部屋であった。

<2023年度>

○ ヴァイオリン専攻者は部屋の移動がなかった。

○ ヴァイオリン専攻者の部屋の向かいは、トランペット、フルート、チェロの専攻者の部屋ではない。

○ トランペット専攻者は向かいの部屋に移動した。

○ フルート専攻者は空室に移動した。

1. 2022年度における空室はFであった。

2. 部屋の移動がなかったのは2名である。

3. 2023年度における声楽専攻者の部屋と指揮専攻者の部屋は隣どうしである。

4. トランペット専攻者はAからDに移動した。

5. 2023年度におけるチェロ専攻者の部屋は南側である。

【No. 16】 A～Dの4人は、それぞれ一つのプレゼントを持ち寄り、交換会を行った。交換は、1回ごとに、4人の中からくじ引きで選ばれた2人が、それぞれその時点で持っているプレゼントを交換するという形で行われた。

　くじ引きで選ばれた2人のうちの1人は、1回目の交換ではA、2回目の交換ではB、3回目の交換ではCであった。この3回の交換が終わったところ、BとCの2人は最初に各自が持ち寄ったプレゼントを持っていた。このとき、確実にいえるのはどれか。

1. 1回目の交換において、AはCと交換を行った。
2. 1回目の交換において、Aと交換を行った可能性のある人は、3人のうち2人である。
3. 2回目の交換において、BはDと交換を行った。
4. 3回目の交換において、CはBと交換を行った。
5. 1回目、2回目、3回目の交換において、Dと交換を行った人はいなかった。

【No. **17**】 図のフローチャートにおいて、A = 52、B = 39 のとき、R の値はいくつか。

　　ただし、X ← A は変数 X に A の値を代入することを表し、Y%X は変数 Y を変数 X で割った余りを表している。

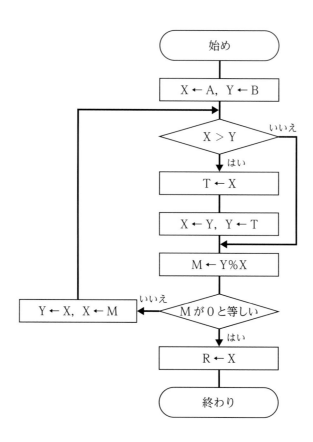

　1.　13

　2.　15

　3.　17

　4.　19

　5.　21

【No. **18**】 平面上に円板があり、この円板を真上から見ると、図のように見える。円板は、中心 O を軸として、一定の速度で矢印の方向に 1 時間に 1 回転している。いま、円板の直径 AB 上を、点 A から出発して 1 時間かけて一定の速度で点 B まで進む点 P がある。円板を真上から見たとき、点 P の軌跡として最も妥当なのはどれか。

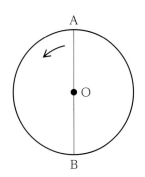

1.

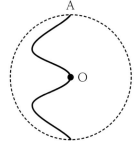

2.

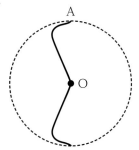

3.

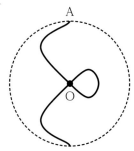

4.

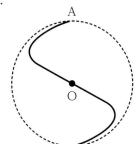

5.

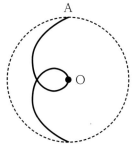

【No. 19】 向かい合っている面の目の数の和が7であり、図Ⅰのような目の配置のサイコロがある。このサイコロを六つ用意し図Ⅱのように置き、さらに、Aの面には4、Bの面には6、Cの面には5、Dの面には2、Eの面には1、Fの面には3の目の数となるように置くとする。

このとき、二つのサイコロが面で接する箇所は五つあるが、いずれの箇所も接している面どうしの目の数が異なるようにサイコロを置く場合、接している10枚の面の目の数の合計は最大でいくつになるか。

図Ⅰ 　　　　　　　　　　　　図Ⅱ

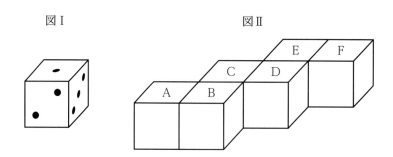

1. 50
2. 51
3. 52
4. 53
5. 54

【No. 20】 Ａが持っている袋には、缶飲料が５本入っていて、その内訳は、コーヒーが３本、りんごジュースが２本である。また、Ｂが持っている袋には、缶飲料が４本入っていて、その内訳は、りんごジュースが２本、紅茶が２本である。

いま、Ａが持っている袋の中から３本を取り出し、Ｂが持っている袋に入れて混ぜた後、Ｂが持っている袋から２本を取り出したとき、取り出した２本が同じ種類の缶飲料である確率はいくらか。

ただし、缶飲料の外側から種類は分からないものとし、どの缶飲料を取る確率も同じとする。

1. $\dfrac{1}{15}$

2. $\dfrac{2}{15}$

3. $\dfrac{1}{5}$

4. $\dfrac{4}{15}$

5. $\dfrac{1}{3}$

【No. 21】 あるバスターミナルでは、Ａ路線はａ分間隔で、Ｂ路線はｂ分間隔で、Ｃ路線はｃ分間隔でそれぞれバスが発車している。この三つの路線については、７時ちょうどに同時にバスが発車してから、次に同時に発車するのは同日の13時25分である。三つの路線のうち、運転間隔の最も長いものと最も短いものとの運転間隔の差は何分か。

ただし、ａ、ｂ、ｃはいずれも30より小さい異なる正の整数とする。

1. 6分
2. 7分
3. 8分
4. 9分
5. 10分

【No. 22】 ある会社では、社員全員が参加する式典を開催することとなった。式典の会場では、当初、図Ⅰのように各列12人分の座席が用意され、最前列の左端の座席から社員番号順に着席することとなっていた。しかし、座席の間隔を空けることとなり、実際には図Ⅱのように各列7人分の座席が用意され、最前列の左端の座席から社員番号順に着席した。

次のことが分かっているとき、社員Aの社員番号の一の位の数字はいくつか。

○ 社員には1、2、3、…と順番に社員番号が一つずつ振られており、欠番はなかった。

○ Aの実際の座席の列は、Aの当初の座席の列よりも2列後ろであった。

○ Aの実際の座席の列の左端からの位置(左から当該座席まで数えたその列の座席数)は、Aの当初の座席の列の左端からの位置のちょうど半分であった。

図Ⅰ(当初)

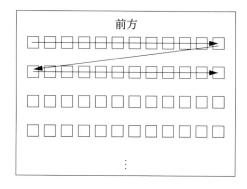

図Ⅱ(実際)

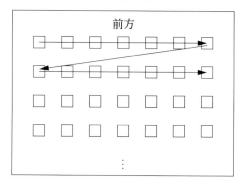

1. 0

2. 2

3. 4

4. 6

5. 8

【No. 23】　A、B、Cの三つのアパートの家賃について、次のことが分かっているとき、Aの家賃はいくらか。

○　A、B、Cの三つのアパートの家賃は、それぞれ異なる金額である。

○　Aの家賃は、Bの家賃にCの家賃の $\dfrac{1}{3}$ を加えた金額に等しい。

○　Bの家賃は、Cの家賃にAの家賃の $\dfrac{1}{3}$ を加えた金額に等しい。

○　Cの家賃は、20,000円にBの家賃の $\dfrac{1}{3}$ を加えた金額に等しい。

1.　78,000円
2.　84,000円
3.　90,000円
4.　96,000円
5.　102,000円

【No. 24】　1,500 m 離れた 2 地点 A、Bと、山頂Pの角度を見ると、∠ABP = 45°、∠BAP = 105° であり、地点Aから山頂Pを見た仰角は30°であった。

山頂Pと地点Aの標高差 PH はいくらか。

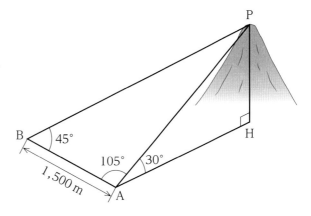

1.　$500\sqrt{3}$ m
2.　$750\sqrt{2}$ m
3.　$750\sqrt{3}$ m
4.　$750\sqrt{6}$ m
5.　$1,000\sqrt{2}$ m

【No. 25】 図は、A国〜P国の16か国における教育機関に対する教育支出額と、それを生徒一人当たりに換算した教育支出額について、2016年の数値を、2005年の数値を100とする指数でそれぞれ示したものである。これから確実にいえることとして最も妥当なのはどれか。

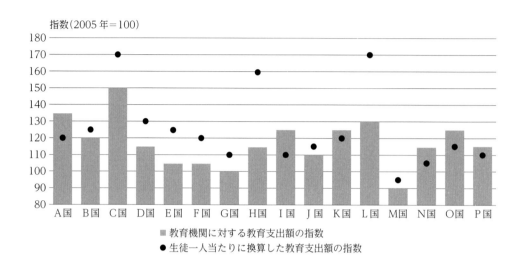

指数（2005年＝100）

■ 教育機関に対する教育支出額の指数
● 生徒一人当たりに換算した教育支出額の指数

1. 2005年と比較して2016年の生徒数が減少している国の数よりも、増加している国の数の方が多い。

2. 2005年と比較した2016年の生徒数の減少割合（絶対値）をみると、M国よりL国の方が大きい。

3. 2005年と比較して2016年の教育支出額は、全ての国において増加している。

4. A国では、2016年の生徒数は2005年と比較して3割以上増加している。

5. 2016年の生徒一人当たりに換算した教育支出額をみると、G国よりC国の方が大きい。

【No. 26】 次は、20歳以上の人の睡眠の質の状況についてのある調査を行った際の質問とその結果を、男女別・年齢階級別に示したものである。これから確実にいえることとして最も妥当なのはどれか。

なお、複数回答のため、割合の合計が100％とならない。

問：睡眠の質についておたずねします。あなたはこの1ヶ月間に、次のようなことが週3回以上ありましたか。

（単位：人、％）

		年齢計	20～29歳	30～39歳	40～49歳	50～59歳	60～69歳	70歳以上
男性	人数	2,667	220	254	427	413	564	789
	寝付きにいつもより時間がかかった(%)	10.6	16.8	9.1	9.8	7.5	11.0	11.2
	夜間、睡眠途中に目が覚めて困った(%)	25.4	11.8	17.3	23.0	23.2	27.5	32.7
	起きようとする時刻よりも早く目が覚め、それ以上眠れなかった(%)	17.0	5.9	10.6	13.3	20.6	21.3	19.1
	睡眠時間が足りなかった(%)	17.3	32.3	26.8	25.3	21.8	10.8	8.1
	睡眠全体の質に満足できなかった(%)	21.6	28.6	25.2	26.9	27.1	19.1	14.4
	日中、眠気を感じた(%)	32.3	40.5	37.4	32.6	31.2	30.3	30.2
	上記のようなことはなかった(%)	31.9	27.3	33.5	29.0	28.8	33.3	34.9
女性	人数	3,035	225	298	468	480	606	958
	寝付きにいつもより時間がかかった(%)	16.8	21.3	18.1	9.6	12.5	15.5	21.7
	夜間、睡眠途中に目が覚めて困った(%)	25.9	17.3	25.2	19.2	23.5	25.9	32.6
	起きようとする時刻よりも早く目が覚め、それ以上眠れなかった(%)	15.6	7.1	10.7	8.5	12.9	17.3	22.9
	睡眠時間が足りなかった(%)	19.8	36.0	28.2	26.9	26.7	15.8	9.0
	睡眠全体の質に満足できなかった(%)	22.0	29.3	32.6	26.5	25.2	20.0	14.4
	日中、眠気を感じた(%)	36.9	46.7	43.0	42.1	39.6	32.2	31.9
	上記のようなことはなかった(%)	30.0	26.7	25.5	30.8	30.0	33.0	29.9

●海上保安大学校：海上保安官採用試験（初任科）

1. 「寝付きにいつもより時間がかかった」と回答した人についてみると、70歳以上の男性の人数が、70歳以上の女性の人数の半数を超えている。

2. 「睡眠時間が足りなかった」と回答した人についてみると、20歳以上の男性の合計人数が、20歳以上の女性の合計人数を上回っている。

3. 20～29歳の女性について、「夜間、睡眠途中に目が覚めて困った」と「起きようとする時刻よりも早く目が覚め、それ以上眠れなかった」の両方に回答した人はいない。

4. 「日中、眠気を感じた」と回答した人についてみると、40～49歳の男性の人数が、30～39歳の女性の人数を上回っている。

5. 「睡眠全体の質に満足できなかった」と回答した50～69歳の男女の合計人数は、600人を超えている。

【No. 27】 表Ⅰ、表Ⅱ及び図Ⅰはある国における「図書館」と「博物館」の施設数・職員数・利用者数を1999年から2017年まで3年ごとに7回調査した結果を、図Ⅱは2017年の「博物館」の利用者数の内訳を調査した結果を、それぞれ示したものである。これらから確実にいえることとして最も妥当なのはどれか。

表Ⅰ　「図書館」と「博物館」の施設数
　　　（1999〜2017年）

(館)

年	図書館	博物館		
			美術館	美術館以外
1999	2,592	4,248	987	3,261
2002	2,742	4,491	1,034	3,457
2005	2,979	4,705	1,087	3,618
2008	3,165	4,857	1,101	3,756
2011	3,274	4,835	1,087	3,748
2014	3,331	4,816	1,064	3,752
2017	3,360	4,869	1,069	3,800

表Ⅱ　「図書館」と「博物館」の職員数
　　　（1999〜2017年）

(人)

年	図書館	博物館		
			美術館	美術館以外
1999	24,844	26,661	8,577	18,084
2002	27,276	29,427	8,483	20,944
2005	30,660	30,597	9,437	21,160
2008	32,557	31,366	9,434	21,932
2011	36,269	32,870	9,881	22,989
2014	39,828	33,744	9,715	24,029
2017	41,336	36,067	10,182	25,885

図Ⅰ　「図書館」と「博物館」の利用者数
　　　（1999〜2017年）

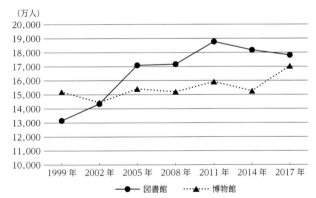

図Ⅱ　「博物館」の利用者数の内訳
　　　（2017年）

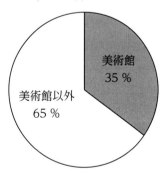

1. 1999～2017 年の施設数について、「博物館」に占める「美術館」の割合が 20 ％ 以上となったのは、2 回のみである。

2. 1999 年に対する 2017 年の職員数の増加率は、「図書館」と「博物館」のいずれにおいても 50 ％ 以下である。

3. 2002～2017 年の「博物館」について、施設数が前回の調査結果より増加している全ての年において、利用者数も前回の調査結果より増加している。

4. 1999 年と 2017 年のそれぞれの年における 1 施設当たりの職員数は、「図書館」と「博物館」のいずれにおいても 10 人未満である。

5. 2017 年における「博物館」のうち、「美術館以外」の利用者数は、「美術館」の利用者数より 4,000 万人以上多い。

【No. 28】 環境問題等に関する記述として最も妥当なのはどれか。

1. 京都議定書の参加国による、地球温暖化防止策等を議論する会議を、気候変動枠組条約締約国会議（COP）という。2021 年開催の COP26 では、産業革命前からの気温上昇を 3.5 度に抑える努力を追求することが、この翌年開催の COP27 では、米国や中国等の温室効果ガスの主要排出国において、排出抑制のため、今後 5 年以内にガソリン車の販売が禁止されることが合意された。

2. 2021 年に開催された気候変動に関する首脳会議では、我が国は、2030 年度において、温室効果ガスを 2013 年度比で 46 ％削減することを目指すことを表明した。2020 年度までの我が国の年度別温室効果ガス排出量をみると、2014 年度以降、減少が続いている。また、2021 年度の年間の発電電力量のうち再生可能エネルギーの割合は約 20 ％となっている。

3. 化石燃料中心の社会を変革するため、CO_2 排出量の削減を行うことを、グリーントランスフォーメーション（GX）という。GX を実行するべく、日本政府が 2020 年に策定したグリーン成長戦略では、電力部門の脱炭素化を進めるため、2025 年度までに、国内の石炭火力発電を廃止し、代わりに CO_2 排出量が少ない液化天然ガス火力発電を導入することが定められた。

4. プラスチックごみが海洋に流出することによる、生態系などへの悪影響が懸念されている。我が国では、プラスチック製容器包装やペットボトルのリサイクルを事業者が行うことを義務付けるため、2022 年に容器包装リサイクル法が施行された。また、2020 年からは飲食店におけるストローなどの使い捨てプラスチック製品の提供が禁止されている。

5. 食品ロスとは、まだ食べられるのに廃棄される食品のことである。2015 年に国連で採択されたパリ協定が食料廃棄の削減目標を掲げていたことを受けて、我が国では、事業者による食品ロスの削減を促す食品衛生法が成立した。事業者の取組例として、食品企業の製造工程で発生する規格外品を引き取り、福祉施設等へ無料で提供する「フードテック」が挙げられる。

【No. 29】 我が国の人口や高齢化等に関する記述として最も妥当なのはどれか。

1. 我が国の総人口に占める65歳以上人口の割合は、2020年において25％を超えるなど、増加傾向にあり、過疎地域では、消滅（無人化）した集落も存在する。地方の人口減少や高齢化に対し、地方公共団体が都市住民を受け入れ、地域おこし協力隊員として一定期間以上地域協力活動に従事してもらいながら、当該地域への定住・定着を図る取組が行われている。

2. 我が国の出生数は、2021年において70万人を切るなど、減少傾向にある。一方で、死亡数も減少傾向にあるため、総務省の人口推計によると、2021年の我が国の総人口は前年より増加した。特に、東京都・愛知県・大阪府では人口が増加したが、北海道・鳥取県・沖縄県では人口が減少した。

3. 2022年の我が国の農（耕）地面積は、高齢化による耕作放棄及び自然災害を主な要因として、1990年代のピーク時から半分以下にまで減っている。農地面積の減少に対し、政府は耕作放棄地の買取及び販売を行う農地中間管理機構（農地バンク）の整備・活用や遊休農地への課税強化などの対策を行っており、農地面積は2020年から増加傾向に転じた。

4. 2018年の我が国の総住宅数に占める空き家数の割合は3割を超え、過去最高となったが、その大半が相続人がいないため放置されている空き家である。2015年には「空家等対策の推進に関する特別措置法」が施行され、相続人がいない空き家を「特定空家等」と定め、自治体が修繕や撤去を行うことが義務付けられた。

5. デジタル田園都市計画構想とは、育児や介護をする必要がある人や高齢者などが、自宅にいながらロボットを遠隔操作して様々な社会的活動を行うことを可能とする都市を作る構想である。2021年、我が国は、脳波を読み取りロボットを動かす技術であるメタバース技術を利用し、多数のロボットを組み合わせて複雑なタスクを行わせる実験に世界で初めて成功した。

【No. 30】 世界の都市等に関する記述として最も妥当なのはどれか。

1. 2022年に中東で初めてサッカー・ワールドカップ(W杯)が開催されたカタールの首都ドーハは、地中海東岸に位置し、金融貿易港、金融センターとして繁栄し、「中東のパリ」とも呼ばれている。カタール国民はキリスト教徒が多数を占めていることから、ドーハでは、民族衣装であるヒジャブ(スカーフ)などを着用している女性が多く見られる。

2. ユダヤ教、キリスト教、イスラム教の聖地であるエルサレムは、イエスの生誕地であり、また、ムハンマドがメッカから難を逃れて移住(ヒジュラ〈聖遷〉)した地でもある。2021年、イスラエルがエルサレムを首都と宣言したが、米国やイランなどはこれに反対し、2022年末現在、エルサレムに大使館を置いている国はない。

3. スイスでは、使用される言語がフランス語とオランダ語に二分されている。かつて、言語戦争と呼ばれる対立が続いたため、連邦制に移行し、首都ジュネーブは両言語の併用地域となった。ジュネーブには、WHO(世界保健機関)などの国際機関の本部があり、2022年、WHOの事務局長は、豚熱(豚コレラ)に対してパンデミック宣言を行い、世界各国に注意喚起した。

4. 2022年のロシアのウクライナ侵攻後、日本政府は、ウクライナの地名の呼称をロシア語発音からウクライナ語発音に変更し、首都の「キエフ」は「キーウ」に、原子力発電所の事故が起きた「チェルノブイリ」は「チョルノービリ」に変更した。また、2010年代には、日本政府は、ロシア語発音の呼称であった「グルジア」の国名を「ジョージア」に変更した。

5. 2022年、G20サミット(主要20カ国・地域首脳会議)が開催されたインドネシアのバリ島には、アンコール=ワットなどの寺院がある。また、首都ジャカルタの人口の過密化などが問題となり、バリ島のバンドンへの首都移転が決定している。G20サミットでは、ウクライナ侵攻を理由にロシアの参加を認めず、食料・エネルギー安全保障などの課題が議論され、G20バリ首脳宣言が発出された。

【No. 31】 次は、振り子の運動に関する記述であるが、A、B、Cに当てはまるものの組合せとして最も妥当なのはどれか。

　振り子のおもりには糸の張力と重力がはたらくが、糸の張力は常におもりの運動方向に垂直であるため、おもりに仕事をしない。したがって、おもりに仕事をする力は重力のみであり、　A　は一定の値に保たれる。

　いま、小球を軽くて細い糸で点Oからつるし、鉛直方向に対して糸の傾きがθ_0となる位置Pから静かに放した。位置Pのとき、小球の地面からの高さはHであった。図Iのように、点Oの鉛直真下に釘があるとき、糸が釘に引っかかった後に小球が到達する最高点の高さH_1は　B　なる。また、図IIのように、鉛直方向に対して糸の傾きが$\theta\,(\theta < \theta_0)$となったときに突然糸が切れ、小球が放物線を描いて運動したとき、小球が到達する最高点の高さH_{II}は　C　なる。

　ただし、小球は鉛直面内のみで運動するものとし、空気の抵抗は考えないものとする。

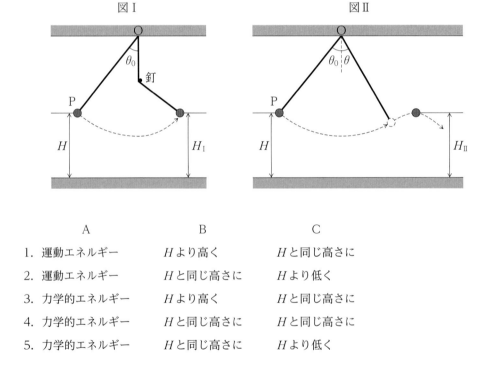

図I　　　　　　　　　　　図II

	A	B	C
1.	運動エネルギー	Hより高く	Hと同じ高さに
2.	運動エネルギー	Hと同じ高さに	Hより低く
3.	力学的エネルギー	Hより高く	Hと同じ高さに
4.	力学的エネルギー	Hと同じ高さに	Hと同じ高さに
5.	力学的エネルギー	Hと同じ高さに	Hより低く

【No. 32】 原子や分子に関する記述として最も妥当なのはどれか。

1. 原子は、原子核と電子で構成されている。原子のなかには、原子核の構成粒子である陽子の数は同じでも中性子の数が異なるものがあり、これらの原子どうしを、互いに同位体(アイソトープ)という。同位体をもつ元素の例として、水素や炭素が挙げられる。

2. 元素の周期表の縦の列を族といい、1～18族で構成されている。このうち、9族と10族の元素はハロゲンと呼ばれ、リチウム、ネオンなどの元素が属し、これらの元素の単体は、酸にも塩基にも反応するという特徴をもつ。

3. 元素の周期表の横の行を周期といい、1～7周期で構成されている。このうち、第4周期より大きい周期の元素は金属元素に分類される。特に第5周期の元素はアルカリ土類金属と呼ばれ、赤色の金属光沢があり、その例として、ヨウ素や銅が挙げられる。

4. 原子は、近い原子番号の貴ガス(希ガス)の原子と同じ安定した電子配置になろうとする傾向があり、価電子が1や2の原子は、電子を放出して、貴ガスの原子と同じ電子配置の陰イオンになりやすい。例えば、塩素やカリウムは2価の陰イオンになりやすい。

5. いくつかの原子が結びついてできた粒子を分子という。原子には対になった電子をもたない不対電子が存在するものがあり、このような原子はイオン結合して分子を形成する。このうち、価数が2個のイオン結合を二重結合といい、その例として、単体のナトリウムや窒素が挙げられる。

【No. 33】 気象に関する記述として最も妥当なのはどれか。

1. 我が国では、梅雨の末期に大雨や集中豪雨が発生する場合がある。これは、オホーツク海高気圧と北太平洋高気圧(太平洋高気圧)の間に発生している梅雨前線に向けて、北太平洋高気圧側からの暖かく湿潤な空気が吹き込むことが原因である。

2. エルニーニョ現象とは、平年よりも強い偏西風によって赤道太平洋の暖水層が西部に偏り、赤道太平洋中・東部の海面水温が低くなる現象である。エルニーニョ現象が発生すると、北太平洋高気圧が強くなるため、我が国では、梅雨明けの早期化や夏の平均気温の上昇がみられる。

3. 我が国において、台風とは、北太平洋西部で発生した熱帯高気圧のうち、平均風速が一定以上になったものを指す。台風の内部では、対流圏下層の空気が時計回りに中心に吹き込み、対流圏上層から反時計回りに吹き出すため、台風の中心部は最も風が強い。

4. フェーン現象とは、水分を含んだ空気塊が山にぶつかり、山頂付近で雲を形成し、山を下った先で雨を降らせる現象である。我が国では、日本海側から山脈を越えて太平洋側に吹き込むフェーン現象が多く発生し、その際は、太平洋側で雨が降る。

5. 我が国の冬は、日本列島の北部で温度が下がり低気圧が発達することによって南高北低型の気圧配置となり、北西の季節風が吹く。南高北低型の気圧配置では、大陸側からの湿潤な空気が吹き込むことにより日本海側で大雪を降らす一方で、太平洋側では晴れた天気が続く。

【No. 34】 江戸時代の我が国の対外関係に関する記述として最も妥当なのはどれか。

1. 徳川家康は、オランダ人ヤン=ヨーステン、イギリス人ウィリアム=アダムズを外交顧問とし、オランダとイギリスの両国は、平戸に商館を設けて貿易を開始した。しかし、旧教国としてキリスト教の布教を行ったことなどから、幕府は、両国の商館を閉鎖し、来航を禁止した。

2. 幕府は、19世紀前半に薪水給与令を出し、漂流民の送還のため浦賀に来航したアメリカ合衆国の商船モリソン号を穏便に退去させた。しかし、アヘン戦争での清の劣勢が伝わると、方針を転換し異国船打払令を出し、外国船の打ち払いを命じた。

3. 初代アメリカ合衆国総領事ハリスは、清がアロー戦争でイギリスとフランスに敗北すると、両国の脅威を説いて通商条約の調印を強く迫った。大老井伊直弼は、孝明天皇の勅許を得て、日米修好通商条約に調印し、イギリス、フランス、ロシア、スペインとも同様の条約を結んだ。

4. 朝廷から攘夷決行を迫られた幕府は、諸藩に攘夷の決行を命じ、長州藩は下関の海峡を通過する外国船を砲撃した。攘夷を決行された報復として、イギリス、フランス、アメリカ合衆国、オランダの四か国は、連合艦隊を編成して下関を攻撃した。

5. 薩摩藩は、薩摩藩士によるイギリス人殺傷事件の報復のために鹿児島湾に来航したイギリス艦隊と交戦し、大きな損害を受けた。その後、薩摩藩はフランスに接近し、武器の輸入や洋式工場の建設を進める一方、幕府はイギリスから財政的援助を受けて軍制の改革を行った。

【No. 35】 アメリカ合衆国の独立に関する記述として最も妥当なのはどれか。

1. 北アメリカに成立した13植民地のうち、北部はタバコなどを奴隷制プランテーションで生産し輸出が盛んだったのに対し、南部は商品作物に恵まれず、南北で経済格差が生じた。この問題を背景に起こった南北戦争は、アメリカ独立運動の起点となった。

2. フランスでは、百年戦争でイギリスに敗れて深刻化した財政難をきっかけに、免税などの特権が与えられた貴族を中心とする体制に第三身分が対抗するフランス革命が起きた。これに影響を受けた13植民地は、「代表なくして課税なし」のスローガンの下、独立運動を本格化させた。

3. 13植民地の独立運動は、イギリス軍と植民地軍とのアメリカ独立戦争に発展し、植民地軍総司令官に任命されたジェファソンは「独立宣言」を起草した。その後大陸会議で採択された「独立宣言」には、13植民地に住む者の独立の一環として奴隷の解放も明記された。

4. アメリカ独立戦争では、イギリスと対立していたフランス、スペイン、ロシアが13植民地側に立って参戦した。これに対してオランダは、プロイセンなどとともに武装中立同盟を結成し、義勇兵の派遣により間接的にイギリスを支援した。

5. パリ条約でアメリカ合衆国の独立が承認された後、憲法制定会議によりアメリカ合衆国憲法が採択された。アメリカ合衆国憲法では、人民主権を基礎として、三権分立が定められるとともに、自治権をもつ各州の上に中央政府が立つ連邦主義についても規定された。

【No. 36】 地形の成り立ちや特徴に関する記述として最も妥当なのはどれか。

1. 地球の地形は、外的営力と内的営力によって形成される。外的営力は、火山活動や地殻変動をもたらす力で、隆起により平野を形成する。内的営力は、風化・侵食作用と運搬・堆積作用を引き起こす力で、急峻な地形を形成する。

2. 河川が山地から出るところでは、河川により運搬された砂や礫(れき)が堆積しやすいため、扇状地が形成される。扇央は、水が地下に浸透しやすく、畑よりも水田として利用される。一方、扇端は、砂や礫から成る厚い堆積物に覆われるため、水無川ができやすく、集落が多い。

3. U字谷は、大陸氷河が谷を流れ下りながら、谷底や谷壁を深くえぐり取ることで形成される。U字谷の谷底は貴重な平坦地となっており、牧畜業が営まれていることが多い。また、U字谷に海水が浸入して陸地に深く入り込んだ入り江はラグーン(潟湖(せきこ))と呼ばれる。

4. 海岸の地形は、海面変動などの影響を受けやすく、起伏の大きい海底山脈が海面から隆起することで沈水海岸が発達する。リアス海岸は沈水海岸の一つであり、水深が深く、入り組んでいるため、津波の波高が緩和され、沿岸では被害を受けにくい。

5. カルスト地形は、石灰岩層から成る地域において、岩の主な成分である炭酸カルシウムが弱酸性の雨水や地下水と化学反応を起こし、岩の溶食が生じることで形成される。鍾乳洞やタワーカルストなどによる景観が観光資源となっているところもある。

【No. 37】 中国の思想家に関する記述として最も妥当なのはどれか。

1. 朱子は、朱子学の大成者であり、理を天地万物に内在する客観的なものとして捉え、人間の本性もまた理であるという心即理を説いた。また、道徳を学ぶことは、それを日々の生活で実践することと一体となっているという知行合一を主張した。

2. 韓非子は、本来利己的である人間を治めるためには、単なる心構えにすぎないような道徳性ではなく、賞罰を厳格に行い、法による政治を行うべきという法治主義を説いた。この考え方は、秦の始皇帝によって採用された。

3. 孔子は、儒教の開祖であり、「大道廃れて仁義あり」として、他者を自分と同じ人間であると認めて愛する心をもつことを説いた。また、人を愛する心である仁の徳とこれが態度となって表れた礼とともに、人々は自然と調和して生きるべきと説き、この考え方を無為自然と呼んだ。

4. 荀子は、性善説の立場で儒教を受け継ぎ、生まれつき人に備わっている四つの善い心の芽生えを育てることによって、仁・義・礼・智の四徳を実現できると説いた。また、この四徳を備えた理想的人間像を君子と呼んだ。

5. 墨子は、孔子の礼の教えを継承しながらも、家族など身内だけを重んじる兼愛に基づく社会を目指すべきと説いた。また、戦争の理論や戦術を研究し、国が富国強兵を図る必要性を強調した。

【No. 38】 我が国の国会及び国会議員に関する記述として最も妥当なのはどれか。

1. 国会は、国権の最高機関であって、国の唯一の立法機関である。主権者である国民の代表によって構成される国会には、内閣や裁判所など他の政府機関に対する一般的な指揮命令権が憲法上与えられている。

2. 衆議院及び参議院の両議院は、全国民を代表する選挙された議員で組織される。また、比例代表選出議員を除く選挙区選出議員については、選挙区の有権者の投票で議員を罷免するリコール制が導入されている。

3. 両議院の議員及びその選挙人の資格は、法律で定められるが、人種、信条、性別、社会的身分、門地、教育、財産又は収入によって差別してはならないことが憲法上規定されている。また、議員の被選挙権は、衆議院議員が満 25 歳以上、参議院議員が満 30 歳以上とされている。

4. 衆議院議員の任期は 4 年とされ、衆議院解散又は内閣総辞職の場合には、その任期満了前に終了する。他方、参議院議員の任期は 8 年とされ、4 年ごとに議員の半数が改選されることとなっている。

5. 何人も、同時に両議院の議員となることはできないが、議員が、その任期中に、内閣総理大臣その他の国務大臣を兼務することは認められている。また、自身が属する議院の許可を得れば、地方公共団体の首長を兼務することも認められている。

【No. 39】 図中の曲線A及びBは、それぞれある財の需要曲線又は供給曲線のどちらかを示している。いま、この財の人気が高まったことに伴い需要曲線がシフトし、また、この財の原材料価格の上昇に伴い供給曲線がシフトしたとする。これに関する記述として最も妥当なのはどれか。

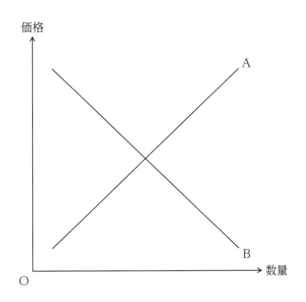

1. 人気が高まったことに伴い曲線Aは左上方にシフトし、原材料価格の上昇に伴い曲線Bは左下方にシフトする。そのため、この財の価格は変化しない。

2. 人気が高まったことに伴い曲線Aは左上方にシフトし、原材料価格の上昇に伴い曲線Bは右上方にシフトする。そのため、この財の価格は上昇する。

3. 人気が高まったことに伴い曲線Bは右上方にシフトし、原材料価格の上昇に伴い曲線Aは右下方にシフトする。この財の価格が上昇するか下降するかは、それぞれの曲線のシフトの大きさによる。

4. 人気が高まったことに伴い曲線Bは左下方にシフトし、原材料価格の上昇に伴い曲線Aは左上方にシフトする。この財の価格が上昇するか下降するかは、それぞれの曲線のシフトの大きさによる。

5. 人気が高まったことに伴い曲線Bは右上方にシフトし、原材料価格の上昇に伴い曲線Aは左上方にシフトする。そのため、この財の価格は上昇する。

【No. 40】 高度情報化社会に関する記述として最も妥当なのはどれか。

1. 情報源を主体的に選ぶ能力や情報に対する判断力・批判的理解力などメディアを適切に活用する能力は、メディア・リテラシーや情報リテラシーと呼ばれ、高度情報化社会においてこの能力を身に付けておくことは重要である。また、情報通信技術の特性を踏まえた行動理念や行動基準を求める情報倫理が、様々な活動領域で重要になっている。

2. インターネットの普及やデジタル技術の発達により知的財産権(知的所有権)の侵害が問題となっている。知的財産権は、肖像権や特許権などを含む産業財産権と、著作権に大別され、例えば、違法にインターネット配信されていることを知りながら、映像や音楽などをダウンロードしたり、授業で使用するために新聞をコピーして配布したりする行為は、特許権の侵害に当たる。

3. 我が国においては、電子政府(e-Gov)の発達により、いつでも、どこでも、誰でも情報技術の恩恵を受けられるユビキタス社会が実現しているため、国内でデジタル・デバイドの問題は発生していない。デジタル・デバイドは、先進国と発展途上国との間など主として国家間における格差問題として懸念されている。

4. 勤務場所・時間にとらわれず、コンピュータやネットワークが生み出す情報空間(サイバースペース)で働くことを、SOHO という。このような働き方は、仮想現実(バーチャルリアリティ)と呼ばれる、離れた場所にあるサーバ、アプリケーションソフト、データを常時利用できるようにする技術が開発され、情報の蓄積・伝達が安価で効率的に行えるようになったことで普及した。

5. インターネットを利用した財やサービスの取引のことをサブスクリプションと呼び、オークションなど消費者間のものを「B to B」、部品・原材料の調達など企業間のものを「C to C」という。サブスクリプションや POS システムなどの活用により、企業の生産性は向上しており、また、2019 年、我が国の情報通信業の生産額は全産業のそれの約 5 割を占めている。

問題1

　人の尊厳や人格を傷つけるハラスメントには様々な種類があり、いずれも組織の生産性を下げたり、人材の損失につながったりするおそれがある。

　組織内で発生するハラスメントのうち、あなたが特に問題視するハラスメントの種類を一つ挙げ、その防止対策及びハラスメント事案が生じた際の対応に関し、組織として講ずべき措置と、職員個人がとるべき行動について、具体的に論じなさい。

問題2

　船舶を安全かつ効率的に運航するためには、航路標識を活用し、他船の動向及び自船の位置を常に確認しながら安全な進路へ導く必要がある。このため海上保安庁は、航路標識の点検や整備に努めて交通の安全を確保しており、消灯が即事故につながるような灯台などの重要な航路標識では、電源に自然エネルギーを活用したり、停電時も小型発電機や蓄電池などでバックアップする体制をとるなどしている。

　ある年の10月1日(日)の夜、A海上保安部付近に集中豪雨があり、所管しているB岬灯台付近で大規模ながけ崩れが発生した。これにより、B岬灯台へと続く道路とB岬灯台に電力を供給していた送電線鉄塔が崩落し、同日21時にB岬灯台への送電が途絶した。関係機関によると、B岬灯台への送電再開まで10日、道路の復旧にはそれ以上の日数がかかる。

　B岬灯台には予備電源として小型発電機が設置されており、消灯していないことも確認できたが、小型発電機に燃料の軽油を補給しなければいずれ停止し消灯するため、燃料補給をする必要がある。

　なお、燃料補給はA海上保安部交通課の職員6名(表を参照)で官用車1台(定員4名)のみを使用して行い、他からの支援はないものとし、職員の勤務形態に応じた対応をする必要がある。

　あなたがC課長であると仮定し、B岬灯台への送電再開を同年10月11日(水)21時としたとき、それまでの間の小型発電機への燃料補給について、下記条件を踏まえて計画を立て、その具体的内容(何日の何時から何時にかけてどのメンバーで補給作業を行うのか)と理由について詳しく説明しなさい。

表：A海上保安部交通課の体制

職員名	年齢	勤務形態
C課長	50	週40時間　勤務可能
D	25	週40時間　勤務可能
E	60	週20時間　勤務可能
F	61	週20時間　勤務可能
G	63	週10時間　勤務可能
H	64	週10時間　勤務可能

〈条件〉

・　小型発電機の燃料タンク容量は160Lで、10月1日21時時点では140L残っていたが、1日40Lずつ消費する。

・　A海上保安部から崩落地点手前までは車で片道1時間かかる。そこからB岬灯台まで山道が通じており、崩落地点手前からB岬灯台まで往路・復路とも徒歩で3時間かかるものとする。小型発電機の燃料タンクへの給油作業にかかる時間は、考慮しなくてよい。

・　山道には照明がなく、舗装もされていない。日の出は6：00、日の入りは17：30であり、B岬灯台内部に仮眠するところはない。

・　燃料補給には軽油20L入りプラスチック製タンク(重量20kg、以下「軽油タンク」という。)を使用する。A海上保安部の燃料倉庫には軽油タンクが8缶保管されている。

・　官用車には軽油タンク8缶全て積載可能であるが、山道では1缶ずつ職員が背負って運ぶ。燃料補給に使用して空になった軽油タンクには、業者が使用翌日の夕方に給油してくれる。

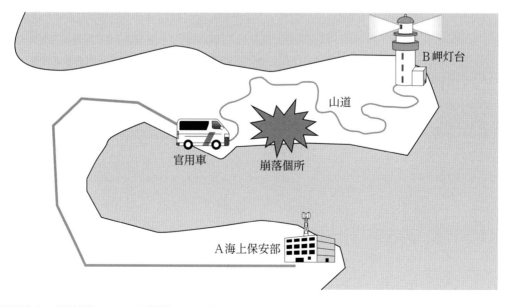

※課題論文の解答例については掲載していません。

【No.　1】　次の文の内容と合致するものとして最も妥当なのはどれか。

　ところで、葉はなぜ秋に赤く変わるのだろう。

　秋が深まって気温が低下すると根の活動は衰え、吸水能力も弱まってくる。一方で気温の低下に伴い空気は乾いてくるので、葉の水分は失われやすくなる。

　植物体内の水分が急激に失われはじめる難局において、落葉樹は葉を維持することをあきらめ、葉を落とすことによって低温と乾燥の期間を乗り切ろうとする。そこで落葉樹は、葉の柄の部分に「離層組織」を形成し、組織の末端をコルク質で覆って水が失われるのを防ぎつつ、水の流れを遮断する。パソコンの記憶装置を取り外すときと同じように、葉を「安全に切り離す」のだ。

　離層の形成とともに養分の流れも徐々に止まるが、葉はなおしばらく光合成を続ける。葉でつくられた糖分は離層によって移動を阻まれて葉にたまる。この余剰の糖分から、赤い色素であるアントシアニンが合成されてくる。

　糖をアントシアニンに転換する背景には植物の経済事情がある。葉に含まれる窒素栄養をむだに捨ててしまうのは「もったいない」のである。

　植物の体内にはタンパク質や核酸など窒素を含む有機化合物がたくさん存在している。大気中には窒素ガスがたくさんあるが、窒素原子同士の結合が固いので植物はこれを利用することができない。植物は窒素分を水溶液の形で根から吸収することしかできないが、自然界ではその量は限られ、奪い合いの状況にある（だから、植物に窒素肥料を与えるとぐんぐん育つ）。それほど貴重な窒素分を、みすみす落ち葉として捨ててしまうのは、じつにもったいない話なのである。

　そこで植物は葉を切り離す前に、できるだけ多くの窒素分を葉から枝へと移動させて回収しようとする。この回収作業の際に、糖分がたまって葉の浸透圧が高くなっていると、水は枝から葉へと流れてしまい、枝の方に物質を転流させることができない。そこで浸透圧に影響を及ぼさないアントシアニンの形に糖を変換させるのだ。アントシアニンは紫外線を吸収し、まだ葉の中に残っているタンパク質の回収作業を促進する働きもある。

　アントシアニンはもともと有害な紫外線をカットするフィルターとして植物がつくっている色素であるが、こうして窒素回収の際にも、また虫をひきつける花の宣伝の色としても、臨機応変に活用されているというわけだ。

1. 葉に離層が形成されるとアントシアニンが合成され、葉の浸透圧が高まるのを防いでいる。
2. 秋になり葉が紫外線を吸収することで、葉は落ちる前に、緑色から赤色に変わる。
3. 葉は、柄がコルク質に覆われることで窒素成分が少なくなり、乾燥に耐えられるようになる。
4. 葉が落ちる前に、葉に残っている糖分はアントシアニンに変化して枝に移動する。
5. 秋に咲く花は、虫をひきつけるために、タンパク質やアントシアニンを利用している。

【No. 2】 次の文の内容と合致するものとして最も妥当なのはどれか。

　アルキメデスは風呂に入ると、水位が上がることに気づいて、「エウレカ（わかった）！」と歓喜して叫んだという。この話を聞いたことのある人も多いだろう。王冠のような複雑な形状の物体でも、それを水に入れれば、その体積がすぐわかる。このことを発見して、欣喜雀躍*したのである。

　問題の答えが閃いたり、謎めいたものの正体が明らかになったりすると、私たちは「あっ、わかった！」と叫びたくなる。このようなときの「わかる」はたいてい直観的な理解である。答えがパッと思い浮かび、謎の正体が突然明らかになる。このような直観もまた、私たちの物事の理解にとって非常に重要である。

　たとえば、数学の証明問題を考えてみよう。証明は、与えられた前提から一定の規則に従って結論を導き出すことである。しかし、従うべき規則は複数あり、それらをどんな順番で適用していけばよいかは明らかではない。この点が証明の難しいところである。証明問題を解くというのは、ようするにどの規則をどの順に適用するかを発見することだと言っていい。

　しかし、たんにどの規則をどの順に適用するかがわかっただけでは、じつは証明が本当にわかったとは言えない。たとえば、頭をひねってもなかなか証明問題が解けないので、ついつい答えを見てしまうことがある。しかし、答えを見てもなお、よくわからないと感じることがあるだろう。答えを見れば、どの規則をどの順に適用して、前提から結論が導かれているかはわかるのだが、それでもどうも腑に落ちないのである。

　なぜここでこの規則を適用するのか。「そうすれば、解けるからだ」と言われても、「でも、どうして」と言いたくなる。しかし、最初は腑に落ちなくても、証明を何度もたどりかえして、証明の流れに慣れてくると、やがて「あっ、わかった」と感じられる瞬間が訪れてこよう。それは証明のいわば「核心」が直観的に把握された瞬間である。証明の本当の理解には、証明の核心を直観的につかむことが必要なのである。

　（注）　*欣喜雀躍：こおどりして喜ぶこと

1. 問題の答えが思い浮かんだときの直観は、表面的な理解にすぎず、物事の理解に当たっては重要性が低い。
2. 証明問題は、与えられた前提が複数ある中、結論に至る流れを瞬時に見いださなければならない点が難しい。
3. 証明問題を構成する規則とその適用の順番を単に把握することだけでは、直観によって捉えられる証明の核心を把握したことにならない。
4. 解けない証明問題の答えを見てしまうと、証明の本当の理解に必要な証明の核心を把握するのを妨げてしまう。
5. 証明問題の核心を直観的につかめば、その後は適用すべき規則を素早く把握することができるようになり、証明の流れに慣れることができる。

【No.　3】　次の文の内容と合致するものとして最も妥当なのはどれか。

　規範がなぜ成立するのかについての一つの説明の仕方としては、「規範の存在が社会の存続に
とって役に立っているから」という言い方があります。社会規範はヒトという種の存続にとって適
応的だから存在する、と言い換えることも可能です。このタイプの説明は、社会学などで機能主義
と呼ばれます。ごく単純化して言えば、社会の中にある制度や構造は当の社会の安定や存続にとっ
て機能を果たしている、だから存在する、と考える議論です。しかし、よく考えてみると、この議
論には少し変なところがあると思いませんか？

　革命や騒乱など激動の時代だった20世紀の初頭に、暴動や群集行動などの集団現象を説明する
ため、「集合心」、「集団心」などの概念が提唱されたことがあります。人間の集合行動において、ふ
だんの個人の行動からはとても考えられない過激な社会現象が生まれることを説明するために、個
人を超えた、マクロレベル（群集レベル）で働く「心」の存在が仮定されたわけです。人々は集合心に
支配され、個人の独立性を失い盲目的に突き動かされている、といったイメージです。

　このように、集団や社会のレベルのマクロな現象（規範もその一つです）を説明する際に、マクロ
な単位（集団、社会）をそのまま説明の単位に用いるのは、私たち自身、日常場面でよく行う説明の
仕方です。たとえば、「学校がいじめを生み出した」「海外展開は組織の意思だ」などの表現を私たち
はよく使います。社会科学においても、「グループは、自らのメカニズムに依拠して自己の構造を
変化させる、自己組織的なシステムである」などの表現が見られます。

　組織が意思をもつ、群集が心をもつといった言説は、マクロな社会現象（たとえば、集団ヒステ
リーなど）を記述するための喩えやレトリックには適しているかもしれません。しかし、それを「説
明」するための科学的概念としては不十分だと考えざるを得ないようです。

　その理由は、ハチやアリなどの社会性昆虫と違って、ヒトの集団や社会は、少なくとも個人と同
じ程度には、それ自体のまとまりや持続的な意思をもち得ないからです（たとえば、学校は、行為
者としてまとまった「一つの意思」をもち、いじめを生み出せるでしょうか？）。

《中　略》

　もし社会規範についての説明が、「ヒトの社会が、自らの存続に役に立つ社会規範を維持してい
る」ことを少しでも意味するなら、それはヒト社会を主体・実体として見る集団錯誤の議論になり
ます。個体が規範に従うかどうかの意思決定はできても、社会が「行為主体として自ら」規範を維持
したり破棄したりすることはできないからです。人々が規範に従うかどうかは、社会が決めるので
はなく、各人の意思決定の問題なのです。

1. 社会規範が、ヒトが種としてハチやアリなどの他の種よりも安定的に存続する上で不可欠なものであることは、社会学上証明されている。

2. マクロな社会現象を社会科学の観点から説明する際は、集団や社会などのマクロな単位をそのまま説明の単位に用いる必要がある。

3. ヒトの社会は、規範を維持するか破棄するかを決定する際、それが自らの存続に役立つか否かをマクロレベルで判断し、一つの組織として意思決定している。

4. 組織が意思をもつという考えは、社会が個体と同じように一つの意思をもち、規範に従うか否かなどを決定することを想定している。

5. 各個人の意思決定の結果を踏まえた上で、社会規範を決定するようになると、ヒトの社会は、混乱し維持できなくなる。

【No. 4】 次の文の □ に当てはまるものとして最も妥当なのはどれか。

　「信頼」とはおもしろい概念です。多くの社会科学者が独自の視点から、この概念に切り込んでいます。一例をあげればドイツの社会学者のニクラス・ルーマンです。ルーマンは信頼を「　　　　　　　」という視点から定義しています。これだけだとややわかりにくいので、もう少し説明しましょう。

　人間を囲む外部環境は複雑です。無数の人々や組織がそれぞれの活動を行い、そのすべてを把握することは不可能です。そのような外部環境を把握してから、自分の行動を決定しようとすれば、いつまで経っても決められない状態が続きます。

　そのような状況に対し、人間はどのように対応するのでしょうか。環境の複雑さを、何とかして減らすしかありません。そこで出てくるのが「信頼」です。この場合の信頼とは、ある人がなぜそう行動するのか、いちいち考えることなく、「この人はこのように行動するはずだ」と想定できることをさします。もちろん、人間は自由な存在ですから、こちらの想定どおりに行動するとは限りません。とはいえ、まわりのすべての人間について、「この人は予想外の行動をするかもしれない」と疑っていては、社会生活を送ることができません。一定のリスクをともないつつ、人は他人を「信頼」せざるをえないのです。

　このようなルーマンの「信頼」は、きわめて包括的で、抽象度の高い定義でしょう。

1. 対話相手の尊重

2. 複雑性の縮減

3. 外部環境の拒絶

4. リスクからの逃避

5. 自由な意思決定

【No.　5】　次の文は、周の西伯(文王)が、狩りの最中に、周を訪れた呂尚と初めて出会うときのものである。内容と合致するものとして最も妥当なのはどれか。なお、訓点は参考までに一例を付したものである。

果遇二呂尚於渭水之陽一。与二語一、

大悦曰、「自二吾先君太公一曰、『当二

有二聖人一適レ周。周因以興一。』子真

是耶。吾太公望レ子久矣。」故号レ

之曰二太公望一。載セテ与俱帰、立テテ為レ

師、謂二之師尚父一。

（注）　*先君：亡くなった父

1.　呂尚は、西伯の発言を、軽率なものだと批判した。
2.　呂尚は、太公こそが、周の危機を救う人物だと述べた。
3.　西伯は、呂尚は師尚父よりも優れた人物だと感じた。
4.　西伯は、呂尚を太公望と称し、一緒に帰った。
5.　太公は、呂尚の功績を聞き、感動のあまり涙を流した。

【No. 6】 次の文の内容と合致するものとして最も妥当なのはどれか。

Uganda And Zimbabwe Send Satellites Into Space

Uganda and Zimbabwe have sent their first satellites into space. The satellites were launched by a NASA rocket on November 7, and are now on the International Space Station. They will later be put in orbit around the Earth. The satellites were developed by the countries, working together with Japan as part of a project called BIRDS-5.

The satellites are small ones known as CubeSats. CubeSats are cheap and small — about a third of the size of a loaf of bread. Several CubeSats can be joined together to make larger satellites.

Uganda's satellite is called PearlAfricaSat-1, and Zimbabwe's satellite is known as ZimSat-1. They were built by scientists from Uganda and Zimbabwe, working together with scientists at the Kyushu Institute of Technology. The satellites are designed to help the countries keep an eye on the quality of their water and farmland.

Because CubeSats are cheap, they're a good way for developing countries to begin their space programs. Currently 14 African nations have sent a total of 52 satellites into space. By 2025, those numbers are expected to grow, with 23 African countries planning up to 125 new satellites.

NASA's Orion Mission Reaches, and Passes, the Moon

After a week, NASA's Orion spacecraft has reached the moon, and gone past it. The capsule, which was launched on November 16, seems to be working nearly perfectly. NASA reported that all of the systems it has been testing have worked as well, or better, than expected.

Orion sent back several pictures as it passed the moon. One of them shows the moon up close, and the Earth as a tiny spot in the distance.

Orion will spend about a week far beyond the moon. That will give NASA's scientists plenty of time to run more tests on the spacecraft's systems. Orion will then come past the moon once more on its way back to Earth. The capsule is still expected to splash down around December 11.

●海上保安学校

1. ウガンダとジンバブエの人工衛星は、それぞれ木の葉1枚の3分の1程度の大きさであるが、これらが合体することにより大きな人工衛星となった。

2. ウガンダとジンバブエの人工衛星は共にPearlAfricaSat-1と呼ばれ、月の表面に水があるかどうか調査することを目指している。

3. CubeSatは安価で製作できるため、2025年までに14のアフリカの国々が、日本の大学と協力してCubeSatを製作し、宇宙に打ち上げることを計画している。

4. Orionから送付された写真の中には、手前にある月と、遠くかなたに小さい点として見える地球が1枚に収められたものがある。

5. Orionは月の裏側に着陸した後、そこに約1週間滞在し、月に関する調査を行ってから地球に戻ってくる予定である。

【No. 7】 次の文の内容と合致するものとして最も妥当なのはどれか。

Students at American public schools struggled in math during the pandemic. The National Assessment of Education Progress (NAEP) is a math and reading test given to fourth and eighth grade students in public schools around the country. Results from this year showed that students' scores had the largest decreases in math since 1990, when the test was first released.

All areas of the U.S. reported lower test scores in math. More than one-third of students scored below basic levels. The decreases were also more severe in math than in reading.

There has been a lot of evidence showing that students struggled with remote learning during the pandemic. They especially struggled with math, said Frances Anderson. She is an education researcher with the University of Nebraska-Omaha and a former teacher. Her work centers on math ability. She said in an interview with *The Conversation* that students, who are not as skilled in math, need more face-to-face learning.

Anderson said that during remote learning, "teachers didn't have as many ways to keep students engaged. It was difficult to do hands-on activities and project-based learning, which are better for students who struggle in math." She added that a lot teaching math is visual learning. "You need so much more than one screen," she said.

1. 米国のいくつかの地域では、今年の NAEP の数学とリーディングのスコアは、どちらも NAEP が始まって以来最も低かった。
2. 米国の全ての地域において、リモート授業を受けた生徒の3分の1以上は、今年の NAEP の数学のスコアがリーディングのスコアよりも低かった。
3. Frances Anderson によれば、生徒は特に数学のリモート授業に苦労したため、数学が苦手な生徒にはより多くの対面授業が必要である。
4. リモート授業では、生徒は特に数学の授業中に集中力が著しく低下したため、教師は図を用いて視覚的に生徒の興味をひく工夫をしていた。
5. パンデミック時に行われたリモート学習に関する調査の結果、生徒はタブレットやモニターなど複数の画面を用いた授業を希望していることが分かった。

【No. 8】 ある学校で、生徒の通学手段について調査したところ、「自転車を利用している生徒は、バスを利用していない。」ということが分かった。

このとき、「自転車を利用している生徒は、電車を利用していない。」ということが論理的に確実にいえるためには、次のうちどの条件があればよいか。

1. 電車を利用している生徒は、バスを利用している。
2. 電車を利用していない生徒は、自転車を利用していない。
3. 電車を利用していない生徒は、バスを利用している。
4. バスを利用している生徒は、電車を利用していない。
5. バスを利用していない生徒は、自転車を利用している。

【No. 9】 A～Dの4人はそれぞれ異なる一つの母国語a～dを持っており、各人は母国語を話すことができる。さらに、4人は全員バイリンガルで、それぞれ自分の母国語以外の言語を一つだけ話すことができ、その言語はa～dのうちのいずれかである。4人の会話について次のことが分かっているとき、確実にいえるのはどれか。

なお、例えば、アが日本語と英語、イが英語と中国語、ウが中国語とスペイン語を使って話すことができる場合、アとウの2人の間では話すことができる共通の言語がないので会話ができないが、ア、イ、ウの3人の間では、アとイの間では英語で会話ができ、イとウの間では中国語で会話ができるので、アとウはイを介して会話ができるものとする。

○ AとCの間では会話ができないが、Dを介すると会話ができる。
○ BとCの間では、2人の母国語以外の言語でのみ会話ができる。
○ Dは、Bの母国語を話すことができない。

1. Aは、Dの母国語を話すことができる。
2. Bの母国語を話すことができるのは、Bを含めて3人である。
3. Cの母国語を話すことができるのは、Cを含めて2人である。
4. Dは、Cの母国語を話すことができない。
5. AとBの間では、Dの母国語で会話ができる。

【No. 10】 表は、あるパン屋における、あんパンと食パンを焼く際の1週間のスケジュール表であり、火曜日と金曜日以外の日は、午前に1回、午後に1回それぞれあんパン又は食パンを焼くことができる。例えば、月曜日の午前は、あんパン又は食パンのどちらか一方のみを焼くことができるが、あんパンと食パンの両方を焼くことはできない。次のことが決められているとき、あんパンと食パンを焼く際の1週間のスケジュールについて確実にいえるのはどれか。

　　ただし、このスケジュール表は、1週間だけでなく2週間以上継続されるものとする。

　○　1週間に、あんパンを3回、食パンを6回焼く。

　○　あんパンを焼くのは、午前だけであり、また、あんパンを2日連続で焼かない。

　○　週末のいずれか1日は、食パンを焼かない。

	平日					週末	
曜日	月	火	水	木	金	土	日
午前		×			×		
午後		×			×		

1. 土曜日の午後は、あんパンも食パンも焼かない。

2. 水曜日の午前は、あんパンを焼く。

3. 1週間のうち、あんパンと食パンの両方を焼く曜日は3日ある。

4. 1週間のうち、月曜日に食パンを2回焼く。

5. 1週間のうち、平日に食パンを5回焼く。

【No. 11】 A～Eの5人が、図のトーナメント表に従って、以下のように1対1の卓球の試合を
行った。

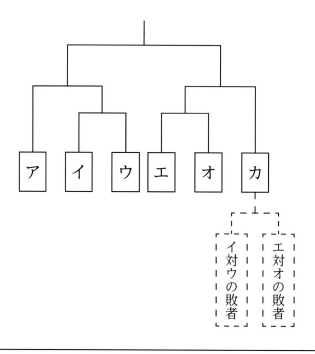

[トーナメント戦の流れ]

○ 最初に、トーナメント表のア～オの各枠にA～Eの誰を割り振るかをくじ引きで決める。

○ 1回戦は、イとウ、エとオが、それぞれ戦う。

○ 2回戦を行う前に、1回戦の敗者どうしで敗者復活戦を行い、その勝者をカの枠に割り
振る。

○ 2回戦は、「イとウによる1回戦の勝者とア」、「エとオによる1回戦の勝者とカ」が、
それぞれ戦う。

○ 2回戦の勝者どうしで3回戦を行い、その勝者を優勝者とする。

試合について、BはDと2回対戦したことと、AはEと一度も戦わないまま3回戦でDと戦った
ことが分かっているとき、アに割り振られた者として正しいのはどれか。

1. A

2. B

3. C

4. D

5. E

【No. 12】 図のように、円卓の周りにア〜エの四つの席が置かれており、A〜Dの4人がそれぞれ5枚のカードを持っていずれかの席に座っている。

いま、アに座っている人から始めて、ア→イ、イ→ウ、ウ→エ、エ→ア、…の時計回りの順で、自分の持っているカードのうち1枚を隣の席に座っている人に受け渡すことを30回繰り返した。受渡し終了時に、Aが6枚、Bが4枚のカードを持っていることが分かっているとき、確実にいえるのはどれか。

ただし、席を移動する者はいなかったものとする。

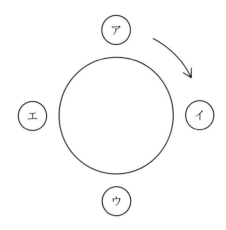

1. Aは、ウに座っている。
2. Bは、エに座っている。
3. Cは、イに座っている。
4. 10回目の受渡しでは、アに座っている人がイに座っている人にカードを受け渡した。
5. 20回目の受渡しでは、イに座っている人がウに座っている人にカードを受け渡した。

【No. 13】 図のように、正五角形の辺上を矢印の方向に、滑らず回転する正六角形がある。

いま、図の位置から正六角形が 2 周して元の位置に戻ったとき、頂点Xは図の㋐～㋔のどの位置にあるか。

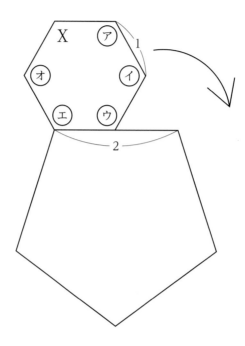

1. ㋐
2. ㋑
3. ㋒
4. ㋓
5. ㋔

【No. **14**】 図のような立方体の展開図として最も妥当なのは次のうちでは
どれか。

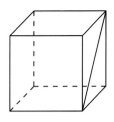

1.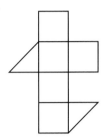

2.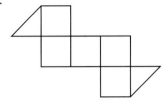

3.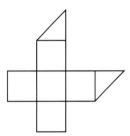

4.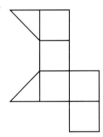

5.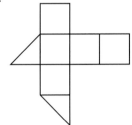

【No. 15】 図のように、道が等間隔の碁盤目状になっている街で、東西に4本、南北に6本の道がある。地点Aから出発した人が最短の道順を通って地点Bに向かうとき、途中でPQ間を通る道順は何通りあるか。

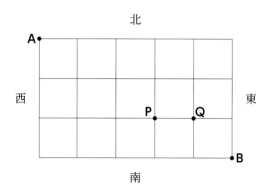

1. 20通り
2. 26通り
3. 30通り
4. 36通り
5. 56通り

【No. 16】 A～Dの4人の年齢について、次のことが分かっているとき、Bの年齢はいくつか。
○ AはBよりも年齢が高い。
○ CとDの年齢の和の2倍は、Bの年齢に等しい。
○ Aの年齢は、Dの年齢の5倍に等しい。
○ 今からちょうど6年後のCとDの年齢の比は、6：5である。
○ AとBの年齢の差は、CとDの年齢の差に等しい。

1. 36歳
2. 38歳
3. 42歳
4. 44歳
5. 48歳

【No. **17**】 図のように、時速 60 km で走行している長さ 80 m の電車Aの先頭が、時速 36 km で走行している長さ 120 m の電車Bの先頭に追いついた時点(時点Ⅰ)から、電車Aの最後尾が電車Bの先頭に到達する時点(時点Ⅱ)までの時間は、何秒か。

　ただし、電車A及びBは、同じ方向に向かって平行に走行しており、速度は一定であるものとする。

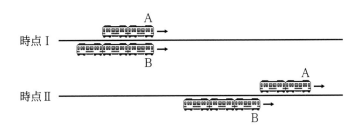

1.　12 秒
2.　18 秒
3.　24 秒
4.　30 秒
5.　36 秒

【No. **18**】 文字列は、文字の種類とその数を表記する方法により、文字数を削減できる場合がある。例えば、文字列「AAAABBA」については、「A」が 4 個、「B」が 2 個、「A」が 1 個並んでいるので、「A 4 B 2 A 1」と表記され、元の文字列から文字数が 1 減っている。

　いま、文字列「AAAABBBCCBAAAACBBBDDDDDD」をこの方法で表記すると、文字数はいくつ減るか。

1.　7
2.　8
3.　9
4.　10
5.　11

【No. 19】 表は、博物館、博物館類似施設、公民館、図書館、社会体育施設の五つの施設における学芸員等の職員の数の推移について示したものである。これから確実にいえることとして最も妥当なのはどれか。

(人)

年度　職員	学芸員（博物館）	学芸員（博物館類似施設）	公民館主事（公民館）	司書（図書館）	指導系職員（社会体育施設）	合計
平成 20 年度	3,990	2,796	15,420	14,596	12,743	49,545
23 年度	4,396	2,897	14,454	16,923	15,286	53,956
27 年度	4,738	3,083	13,275	19,015	16,742	56,853
30 年度	5,025	3,378	12,334	20,130	17,591	58,458
令和 3 年度	5,357	3,684	11,795	21,523	18,799	61,158

1. 平成 23 年度、平成 27 年度、平成 30 年度のいずれの年度においても、「合計」に占める「公民館主事（公民館）」の割合は 25 ％ を下回っている。

2. いずれの年度においても、「合計」に占める割合が最も高いのは、「司書（図書館）」である。

3. 五つの施設のうち、平成 20 年度から平成 23 年度の職員の増加数が最も多い施設は、平成 27 年度から平成 30 年度の増加数も最も多い。

4. 「学芸員（博物館）」、「学芸員（博物館類似施設）」、「司書（図書館）」のうち、平成 30 年度に対する令和 3 年度の増加率が最も高いのは、「司書（図書館）」である。

5. 「学芸員（博物館）」、「司書（図書館）」、「指導系職員（社会体育施設）」のいずれにおいても、平成 20 年度に対する平成 23 年度の増加率は、平成 30 年度に対する令和 3 年度の増加率を上回っている。

【No. 20】 図Ⅰは、2017～2021年の海上犯罪送致件数の内訳ごとの推移を示したものであり、図Ⅱは、図Ⅰに記載されている海事関係法令違反の送致件数の内訳ごとの推移を示したものである。これらから確実にいえることとして最も妥当なのはどれか。

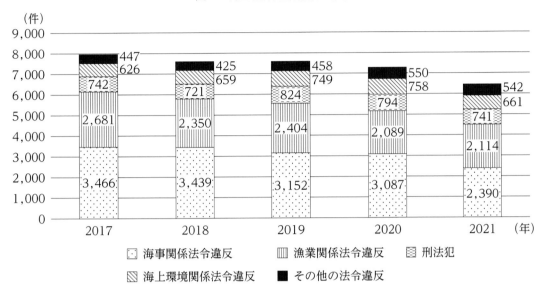

図Ⅰ　海上犯罪送致件数の推移

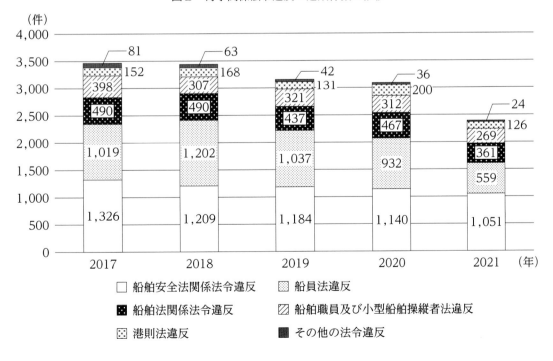

図Ⅱ　海事関係法令違反の送致件数の推移

1. 2018〜2021 年の各年における「海上犯罪送致件数」全体に占める「漁業関係法令違反」の送致件数の割合は、全ての年において、その前年と比べて減少している。

2. 「海上環境関係法令違反」の送致件数について、2017〜2021 年の 5 年間の平均の送致件数は、2021 年の送致件数を下回っている。

3. 2018〜2021 年の各年における「海事関係法令違反の送致件数」の内訳となる 6 種類の違反の送致件数について、全ての年において、その前年と比べて減少しているのは 3 種類である。

4. 2017 年における「海事関係法令違反の送致件数」全体に占める「船員法違反」及び「船舶法関係法令違反」の送致件数の合計の割合と 2021 年におけるそれを比べると、前者の方が高い。

5. 2018 年における「海上犯罪送致件数」全体に占める「船舶安全法関係法令違反」の送致件数の割合は、20 % を超えている。

【No. 21】 座標平面において、直線 $8y - 7x = k$ と x 軸及び y 軸で囲まれた面積が 7 となるような正の実数 k の値はいくらか。

1. 7
2. 14
3. 21
4. 28
5. 35

【No. 22】 エネルギーに関する記述として最も妥当なのはどれか。

1. 空気中を移動する電子がもつエネルギーを光エネルギーといい、白熱電球に電流を流すと、電気エネルギーが同じ量の光エネルギーに直接変換される。

2. 金属の中を移動する電磁波がもつエネルギーを電気エネルギーといい、電磁波を内部で移動させ続けて電気エネルギーを保存する装置を電池という。

3. 原子核が変化する際に放出されるエネルギーを熱エネルギーといい、原子力発電では、発生した熱エネルギーが電気エネルギーに直接変換される。

4. 気体どうしの化学反応によって放出されるエネルギーを化学エネルギーといい、太陽では、酸素と水素が化学反応して太陽光が放出される。

5. 運動する物体がもつエネルギーを運動エネルギーといい、運動エネルギーは、質量に比例し、速さの 2 乗に比例する。

【No. 23】 酸と塩基に関する記述として最も妥当なのはどれか。

1. 酸とは、水溶液中で水酸化物イオンを生じる物質であり、硫酸は化学式に 1 個の水酸化物イオンを含む 1 価の酸で、硝酸は 2 個の水酸化物イオンを含む 2 価の酸である。

2. 塩基の水溶液は、青色リトマス紙を赤色に変える、亜鉛やマグネシウムの金属を溶かし水素を発生させる、といった性質をもつ。また、水に溶けにくい塩基は、アルカリと呼ばれる。

3. 中和とは、酸と塩基が反応して水を生成する変化をいい、中和に伴い塩が生じる。塩の水溶液が酸性を示すものを酸性塩といい、酸性塩の例として塩化ナトリウムが挙げられる。

4. 純粋な水（純水）の pH は 7 であるが、酸性が強くなるほど pH は 7 より大きくなる。pH12 の水溶液を純水で 2 倍に薄めると pH は 1 下がり 11 になる。

5. 物質がイオンに分かれることを電離といい、電離度が大きい塩基を強塩基、小さい塩基を弱塩基という。強塩基の例として水酸化ナトリウムが、弱塩基の例としてアンモニアが挙げられる。

【No. 24】 次は、血糖濃度と体温の調節に関する記述であるが、A～Dに当てはまるものの組合せとして最も妥当なのはどれか。

食事などによって血糖濃度が上昇すると、間脳の視床下部がこれを感知し、副交感神経を通じて A のランゲルハンス島B細胞を刺激する。また、ランゲルハンス島B細胞は、血液から直接、血糖濃度の上昇を感知する。これらの刺激によって、ランゲルハンス島B細胞から B が分泌される。 B は、細胞内へのグルコースの取り込みや、細胞中のグルコースの消費を促進するとともに、肝臓でのグルコースから C への合成を促す。その結果、血糖濃度は低下する。

体温も、間脳の視床下部が調節中枢となり、自律神経系と内分泌系などが協調して働くことによって調節される。例えば、皮膚や血液の温度の低下を間脳の視床下部が感知すると、 D を通じて立毛筋や体表の血管の収縮を促進し、体表からの熱の放散を防ぐ。また、代謝による熱産生が強化される。このような熱の放散量の抑制と発熱量の増加によって、体温を上げることができる。

	A	B	C	D
1.	すい臓	インスリン	グリコーゲン	交感神経
2.	すい臓	インスリン	タンパク質	副交感神経
3.	すい臓	アドレナリン	グリコーゲン	副交感神経
4.	腎臓	アドレナリン	グリコーゲン	副交感神経
5.	腎臓	アドレナリン	タンパク質	交感神経

【No. 25】 火山やマグマに関する記述として最も妥当なのはどれか。

1. マグマが地下水などに接触してマグマ水蒸気爆発が起きると、マグマ溜まりに空洞が生じ陥没して溶岩ドームができる。

2. 低温で二酸化ケイ素(SiO_2)の量が多いマグマほど、粘性が高い傾向にあり、マグマから分離して蓄積されるガスの量も多くなり、噴火は爆発的になる。

3. やや粘性の高い溶岩や火砕岩が交互に積み重なると、富士山やハワイ島のマウナロア火山のような、山腹の傾斜が緩い盾状火山が形成される。

4. マグマが地表付近でゆっくり冷えてできた岩石は深成岩といい、その組織を斑状組織という。また、マグマが急冷してできた岩石は火山岩といい、その組織を等粒状組織という。

5. 火成岩をつくる主な鉱物には、鉄やマグネシウムを含む色の薄い無色鉱物と、それらを含まない色の濃い有色鉱物があり、一般に無色鉱物の方が密度が高い。

【No. 26】 イギリスに関する記述として最も妥当なのはどれか。

1. 17世紀前半にピューリタン革命が起こると、国王が議会に従うことを定めた権利の章典が発布されたが、その後、再び国王と議会が対立し、クロムウェルの指導で名誉革命が起こった。

2. 18世紀後半、北アメリカのイギリス植民地で起こったチャーティスト運動をきっかけとして、独立戦争が起こった。モンテスキューは独立宣言を起草し、植民地軍の兵士の士気を高めた。

3. 19世紀半ば、清が三角貿易により流入するアヘンを禁止し廃棄処分すると、イギリスはアヘン戦争を起こした。イギリスに敗れた清は南京条約を結び、香港島の割譲などを認めた。

4. 19世紀後半、イギリスはマリア=テレジアがインド皇帝を兼ねるインド帝国を成立させたが、20世紀初頭にシパーヒーの反乱が起こると、インドはイギリスからの独立を果たした。

5. 19世紀後半、ドイツが3C政策を通じてオスマン帝国に影響力を広げようとすると、3B政策をとるイギリスは、イタリアやフランスと三国協商を成立させ、ドイツに対抗した。

【No. 27】 イスラーム世界に関する記述として最も妥当なのはどれか。

1. アッラーの啓示を受けたムハンマドは、イスラームの教えを広めたが、キリスト教の聖職者や有力者により迫害を受けたため、メディナからイェルサレムへ本拠地を移した。

2. ティムールが開いたウマイヤ朝では、征服した住民のみに課していたジズヤ(人頭税)を廃止し、全ての住民からハラージュ(地租)を徴収した。

3. ムガル帝国のアッバース1世は、イスラーム以外の宗教・文化との共存に努めたが、その後、アクバルの時代になると、イスラーム中心の政策がとられた。

4. ササン朝は、サラディンの時代に最盛期を迎え、ビザンツ帝国を滅ぼし占領したコンスタンティノープル(イスタンブル)は、「世界の半分」といわれるほど繁栄した。

5. オスマン帝国は、官僚制とイェニチェリ(常備軍)を備え、スレイマン1世の時代に最盛期を迎えた。彼の死後、同帝国の艦隊は、レパントの海戦でスペインなどの連合艦隊に敗れた。

【No. 28】 江戸時代から明治時代にかけての我が国の外交に関する記述として最も妥当なのはどれか。

1. 薩英戦争をきっかけに、江戸幕府は、異国船打払令を発令し、漂着した外国船に燃料や食料・水の補給を認める薪水給与令を撤廃した。

2. 江戸幕府は、日米和親条約を結び、米国船に物資を補給することや下田と平戸を開港することなどを取り決めた。この条約に基づいて日米間の自由貿易が始まった。

3. 大老井伊直弼は、孝明天皇の勅許を得ないまま、日米修好通商条約を結んだ。これは、日本にとって不利な内容だったが、イギリス、フランスなどとも同様の条約を結んだ。

4. 明治政府は、岩倉具視を全権大使とする岩倉使節団を欧米に派遣し、不平等条約の改正を交渉した。その結果、領事裁判権の撤廃は実現しなかったが、関税自主権の回復は実現した。

5. 大久保利通らが主張する征韓論が広まる中、日本の軍艦の挑発によって朝鮮から砲撃を受ける大津事件が起きた。日本はこの事件の処理として日朝修好条規を結び、朝鮮を開国させた。

【No. 29】 我が国の自然災害や防災に関する記述として最も妥当なのはどれか。

1. 冬季には、日本海側では、寒流の対馬海流の影響で冷たい風を伴った雪害が発生する一方、太平洋側では、暖流の親潮の影響でやませという暖かい強風が吹く風害が発生することがある。

2. 夏季には、熱帯低気圧の影響で、乾燥した熱風が吹くヒートアイランド現象が水田地帯でみられ、作物に被害を及ぼすことがあり、防風林を設置するなどの対策がとられている。

3. 我が国では、地球温暖化により各地で干ばつが頻発する一方、酸性雨により森林が枯死し、温帯から、乾燥帯に属するステップ気候に変化する地域が出現するなど、砂漠化が進んでいる。

4. 山間部では、土石流、崖崩れ、地滑りなどの土砂災害が発生することがあり、土砂災害警戒区域などが掲載されたハザードマップの作成や配布が進められている。

5. 地震に関しては、地理情報システム（GIS）などを活用した地震予知に成功し、直下型地震は、緊急地震速報の発表によって数日前からの事前の避難が可能となっている。

【No. 30】 世界の宗教に関する記述A〜Dのうち、妥当なもののみを挙げているのはどれか。

A：キリスト教は、ヨーロッパ、南北アメリカ、オーストラリアなどに広がっており、カトリック、プロテスタント、東方正教などの多くの宗派がある。

B：イスラム教(イスラーム)は、東南アジアから北アフリカにかけて広がっており、カースト制により、1日に2回メッカに向かって礼拝するといった守るべき生活様式などが定められている。

C：インドで誕生した仏教は、東南アジアに広がっている上座部仏教、日本を含む東アジアに広がっている大乗仏教などに分かれている。

D：ヒンドゥー教は、南アジアを中心に広がっているスンナ派とパキスタンなど西アジアを中心に広がっているシーア派に分かれている。

1. A、B
2. A、C
3. B、C
4. B、D
5. C、D

【No. 31】 次の四字熟語とその意味の組合せとして最も妥当なのはどれか。

1. 手前味噌………粗雑な作りの品物を、むやみに作ること。
2. 笑止千万………暇で何もすることがなく、退屈していること。
3. 傍目八目………第三者には、物事の是非、利・不利が当事者よりも分かること。
4. 電光石火………気力が極めて盛んなこと。
5. 一切合切………困難な目に遭って、つらく苦しい思いをすること。

【No. 32】 次の □ に同じ漢字が入るものの組合せとして最も妥当なのはどれか。

1. 習い事を □(ダ) 性で続ける。 　—　 □(ダ) 落した生活を送る。
2. 体を清 □(ケツ) に保つ。 　—　 この映画は □(ケツ) 作だ。
3. 様々な価値 □(カン) を尊重する。 　—　 既視 □(カン) を覚える。
4. 本筋から逸 □(ダツ) する。 　—　 権力を □(ダツ) 取する。
5. 裏切りに憤 □(ゲキ) する。 　—　 友を □(ゲキ) 励する。

【No. 33】 次のア〜エに当てはまる語の組合せとして最も妥当なのはどれか。

- The bad weather prevented us 　ア　 going back to the office.
- The teacher told me to hand 　イ　 my homework by Friday.
- I would like to exchange yen 　ウ　 dollars.
- He was not aware 　エ　 the danger.

	ア	イ	ウ	エ
1.	from	at	for	on
2.	from	in	for	of
3.	from	in	to	on
4.	with	at	to	of
5.	with	in	to	of

【No. 34】 英文に対する和訳が最も妥当なのはどれか。

1. If I had enough time, I could go for lunch with them.
   十分な時間があったので、私は彼らとランチに行くことができた。

2. He made a mistake on purpose when he was asked about the question.
   彼はその質問について尋ねられたとき、たまたま間違えてしまった。

3. The yacht race will have finished by the end of July.
   そのヨットレースは7月末までには終わってしまっているだろう。

4. You should tell them whatever you know about the news.
   そのニュースについてあなたが何も知らないことを、彼らに言うべきだ。

5. When I arrived there, they kindly made room for me.
   私がそこに到着したとき、彼らは親切に私のために部屋を貸してくれた。

【No. 35】 我が国の内閣に関する記述として最も妥当なのはどれか。

1. 日本国憲法は、「行政権は、内閣に属する。」と定めており、内閣は、一般行政事務のほか、法律の制定、外交関係の処理、条約の承認、恩赦の決定、憲法改正の発議などを行う。

2. 衆議院及び参議院において内閣不信任案の可決又は内閣信任案の否決が行われた場合には、内閣は 30 日以内に総辞職をしなければならない。

3. 内閣は、最高裁判所長官とその他の裁判官の指名を行うほか、弾劾裁判所を設置する権限を有し、罷免の訴追を受けた裁判官の裁判を行う。

4. 内閣総理大臣は、内閣を代表する立場にあるが、行政各部（各省庁）を指揮監督する権限はない。また、内閣総理大臣による国務大臣の任命や罷免に際しては、国会の同意が必要となる。

5. 内閣総理大臣は、国会議員の中から国会の議決で指名され、天皇により任命される。また、内閣総理大臣と国務大臣は、文民でなければならない。

【No. 36】 我が国における新しい人権に関する記述A〜Dのうち、妥当なもののみを挙げているのはどれか。

A：情報の受け手が意見広告や反論記事の掲載をマス・メディアに対して要求する権利として、「アクセス権」が主張されるようになった。

B：消費者が食品の安全性や流通経路の把握を求めたことをきっかけとして、「知る権利」が主張され、全ての食品に消費期限や原産地、原材料などの情報の表示が義務付けられた。

C：高度経済成長期に公害が発生したことなどを受けて、よりよい環境を守り、健康で文化的な生活を送る権利として「環境権」が主張されるようになった。

D：自己に関する情報の開示をコントロールする権利として「自己決定権」が主張され、特に秘匿性の高い個人情報を保護する目的で特定秘密保護法が制定された。

1. A、B
2. A、C
3. A、D
4. B、D
5. C、D

【No. **37**】 第二次世界大戦後の我が国の経済に関する記述A～Dのうち、妥当なもののみを挙げているのはどれか。

A：1940年代後半に、インフレーションの収束や経済の安定化を目的とした経済安定9原則やドッジ・ラインにより、財政支出の拡大や変動為替相場制への移行などが行われた。

B：1950年代半ばから1970年代初めにかけて、実質経済成長率は年平均約10％となった。また、就業者数に占める第一次産業従事者数の割合が低下し、第二次・第三次産業従事者数の割合が高まった。

C：1980年代半ばに、G5（先進5か国財務相・中央銀行総裁会議）においてドル高を是正するプラザ合意がなされたことにより、円高が急速に進み、輸出産業が大きな打撃を被った。

D：1990年代初頭に発生したリーマン・ショックを契機に、株価や地価は下落に転じ、バブル経済は崩壊し、第二次世界大戦後初めて実質経済成長率がマイナスとなった。

1. A、B
2. A、D
3. B、C
4. B、D
5. C、D

【No. **38**】 金融の仕組みに関する記述として最も妥当なのはどれか。

1. 通貨は、商品の価値をはかるという価値尺度、どの外貨とも交換できるという交換手段、物価を安定させるという価値貯蔵などの機能をもつ。

2. 金本位制とは、通貨価値を金と結び付けることで、通貨の発行量を減らし、金の流通量を増やす制度であり、この制度の下で発行される紙幣のことを不換紙幣という。

3. ペイオフ制度とは、金融機関が破綻した場合に、政府が預金者の元本を無制限に保証する制度であるが、我が国ではペイオフ制度が発動されたことはない。

4. 金融とは、企業が銀行から資金を調達することであり、金融市場において銀行が企業の株式や債券を購入することによってのみ、企業は資金を調達することができる。

5. 信用創造とは、銀行が預金の受入れと貸出しを繰り返すことで、最初に受け入れた預金の何倍もの預金をつくり出す機能である。

【No. 39】 現代の生命科学や生命倫理に関する記述として最も妥当なのはどれか。

1. 遺伝的に同一である個体や細胞(の集合)をクローンという。我が国では、法令等に基づく審査を受けずに、ヒトクローン胚をヒトの胎内に移植することが認められている。

2. 我が国では、遺伝子組換え食品について、安全性が確認されたものだけが販売されていることから、遺伝子組換え食品であることを表示する義務は撤廃された。

3. 我が国では、臓器移植法により、脳死と判定された人について、本人の書面による意思表示がある場合に限って、心臓などの臓器を移植のために摘出することが認められている。

4. 医療現場においては、医師が病気や治療について患者に十分な説明を行い、患者が納得した上で治療方針を決定するリヴィング・ウィルが実践されている。

5. ノーベル生理学・医学賞で注目されたiPS細胞は、胚(受精卵)を使わずに皮膚などの体細胞からつくることができ、実用化に向けた研究が進められている。

【No. 40】 次のA、B、Cは、中国の思想家に関する記述であるが、該当する思想家の組合せとして最も妥当なのはどれか。

A：人間として最も望ましいあり方を仁と表現し、親や兄・年長者への自然な情愛である孝悌は、仁の根本の一つであるとした。

B：人間の利己心を利用して賞罰を厳格に行い、道徳ではなく、法に基づく政治を行うべきとする法治主義を唱えた。

C：人間の本来の生き方は、一切の作為を捨て、全てを無為自然に委ねることであり、素朴で質素な生活に自足する小規模な共同体が、理想社会であると説いた。

	A	B	C
1.	孔子	韓非子	老子
2.	孔子	朱子	老子
3.	孔子	荀子	墨子
4.	荘子	韓非子	墨子
5.	荘子	荀子	老子

●海上保安学校

航空課程，管制課程は，【No.1】～【No.26】数学・英語を解答してください。
　解答時間 2 時間
海洋科学課程は，【No.1】～【No.39】数学・英語・物理を解答してください。　解答時間 3 時間
※この問題集で単位の明示されていない量については，全て国際単位系（SI）を用いることとします。

数　学　13 題

【No.　1】　m, n を自然数とする。次の記述の㋐、㋑、㋒に当てはまるものをA～Dから選び出したものの組合せとして正しいのはどれか。

・m^2 が奇数であることは、m が奇数であるための　　㋐　　。

・m が 30 の約数であることは、m が 15 の約数であるための　　㋑　　。

・m 又は n が 8 の倍数であることは、mn が 8 の倍数であるための　　㋒　　。

　　A．必要条件であるが十分条件でない

　　B．十分条件であるが必要条件でない

　　C．必要十分条件である

　　D．必要条件でも十分条件でもない

	㋐	㋑	㋒
1.	B	B	A
2.	B	D	C
3.	C	A	B
4.	C	A	C
5.	C	D	B

【No.　2】　3 点 $(-2, -12)$，$(-1, 0)$，$(3, 8)$ を通る放物線をグラフとする 2 次関数として正しいのはどれか。

　　1．　$y = x^2 + 3x + 2$

　　2．　$y = -x^2 + 9x + 10$

　　3．　$y = -x^2 + 3x - 2$

　　4．　$y = -2x^2 + 6x + 8$

　　5．　$y = -2x^2 - 6x + 4$

【No. **3**】 AB = 6，AC = 10，∠BAC = 120° である △ABC の外接円の半径を R、内接円の半径を r とするとき、$\dfrac{R}{r}$ の値はいくらか。

1. $\dfrac{4}{3}$　　2. $\sqrt{3}$　　3. $\dfrac{4\sqrt{3}}{3}$　　4. $\dfrac{14}{3}$　　5. $\dfrac{14\sqrt{3}}{3}$

【No. **4**】 大人 5 人、子ども 3 人が一列に並ぶとき、どの子どもも隣り合わない確率はいくらか。

1. $\dfrac{3}{14}$　　2. $\dfrac{2}{7}$　　3. $\dfrac{5}{14}$　　4. $\dfrac{3}{7}$　　5. $\dfrac{1}{2}$

【No. **5**】 正十角形の①対角線の本数と② 10 個の頂点のうちの 3 個を頂点とする三角形の個数の組合せとして正しいのはどれか。

	①	②		
1.	30 本	110 個	3.	35 本　120 個
2.	35 本	110 個	4.	45 本　110 個
			5.	45 本　120 個

【No. **6**】 △ABC の重心を G とし、直線 AG と直線 BC との交点を D とするとき、△GBD と △ABC の面積比として正しいのはどれか。

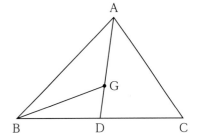

1. 1 : 3　　3. 1 : 5

2. 1 : 4　　4. 1 : 6

　　　　　 5. 1 : 7

【No. **7**】 a, b は実数の定数とする。3次方程式 $x^3 + ax^2 + 6x + b = 0$ の一つの解が $-1-i$ であるとき、他の解のうち実数の解として正しいのはどれか。

ただし、i は虚数単位とする。

1.　-2　　　2.　$-\sqrt{2}$　　　3.　-1　　　4.　0　　　5.　1

【No. **8**】 直線 $2x - 2y - 1 = 0$ に関して、点 $\left(2, \dfrac{9}{2}\right)$ と対称な点の座標として正しいのはどれか。

1.　$(4, 1)$　　　2.　$\left(4, \dfrac{3}{2}\right)$　　　3.　$\left(\dfrac{9}{2}, 1\right)$　　　4.　$(5, 1)$　　　5.　$\left(5, \dfrac{3}{2}\right)$

【No. **9**】 $\dfrac{\pi}{2} \leqq \theta \leqq \pi$ とする。$\sin\theta + \cos\theta = \dfrac{1}{\sqrt{3}}$ のとき、$\cos\theta - \sin\theta$ の値はいくらか。

1.　$-\sqrt{3}$　　　2.　$-\dfrac{\sqrt{15}}{3}$　　　3.　$-\dfrac{\sqrt{3}}{3}$　　　4.　$\dfrac{\sqrt{3}}{3}$　　　5.　$\dfrac{\sqrt{15}}{3}$

【No. **10**】 不等式 $\log_{\frac{1}{7}}(2x + 4) > -1$ の解として正しいのはどれか。

1.　$-2 < x < -\dfrac{3}{2}$　　　3.　$x > -\dfrac{3}{2}$

2.　$-2 < x < \dfrac{3}{2}$　　　4.　$0 < x < \dfrac{3}{2}$

　　　　　　　　　　　5.　$x < \dfrac{3}{2}$

【No. 11】 点 $(1, 0)$ から曲線 $y = x^2 + 3$ に引いた接線のうち、傾きが負の直線の方程式として正しいのはどれか。

1. $y = -2x + 2$　　3. $y = -4x + 4$
2. $y = -3x + 3$　　4. $y = -5x + 5$
　　　　　　　　　5. $y = -6x + 6$

【No. 12】 数列 $\{a_n\}$ の初項から第 n 項までの和 S_n が $S_n = 3a_n + 2$ で表されるとき、a_n を表す式として正しいのはどれか。

1. -3^{n-1}　　2. $-\left(\dfrac{3}{2}\right)^{n-1}$　　3. $-\left(\dfrac{3}{2}\right)^{n}$　　4. $\left(\dfrac{3}{2}\right)^{n-1}$　　5. 3^n

【No. 13】 $|\vec{a}| = 1$, $|\vec{b}| = \sqrt{2}$ で、$\vec{a} - \vec{b}$ と $3\vec{a} + 2\vec{b}$ が垂直であるとき、$\vec{a}$, $\vec{b}$ のなす角として正しいのは次のうちではどれか。

1. $45°$　　2. $60°$　　3. $90°$　　4. $120°$　　5. $135°$

【No. **14**】　次の⑦〜㋑のうち、第一アクセント（第一強勢）の位置が妥当なもののみを挙げているのはどれか。

　　⑦　caréer

　　㋑　coffée

　　㋒　mechánism

　　㋔　photógraphy

1.　⑦、㋒　　　　2.　⑦、㋔　　　　3.　㋑、㋒　　　　4.　㋑、㋔　　　　5.　㋒、㋔

【No. **15**】　次の⑦〜㋔のうち、下線部の単語を各行右側の（　　　）内の単語に置き換えた場合においても、ほぼ同じ意味の文になるもののみを挙げているのはどれか。

　　⑦　I applied for a job as an interpreter, but I was <u>rejected</u>.　　　　（interviewed）

　　㋑　The hospital was <u>forced</u> to close because of lack of money.　　　（helped）

　　㋒　I can't <u>stand</u> this extremely hot weather.　　　　（endure）

　　㋔　He has been <u>banned</u> from driving for six months.　　　　（prohibited）

1.　⑦、㋑　　　　2.　⑦、㋔　　　　3.　㋑、㋒　　　　4.　㋑、㋔　　　　5.　㋒、㋔

【No. **16**】　次のA、B、Cの（　　　）内の⑦、㋑のうち、より適切なものを選び出したものの組合せとして最も妥当なのはどれか。

　A．I know nothing about Ms. Green（⑦ except　㋑ without）that she works at the hospital.

　B．You can't leave（⑦ until　㋑ when）your answer sheet has been checked.

　C．（⑦ Since　㋑ Though）my leg was broken, I decided to take a taxi instead of walking home.

	A	B	C				
1.	⑦	⑦	⑦	3.	⑦	㋑	㋑
2.	⑦	⑦	㋑	4.	㋑	⑦	⑦
				5.	㋑	㋑	㋑

【No. **17**】 次のA、B、Cの( )内の⑦、①のうち、より適切なものを選び出したものの組合せとして最も妥当なのはどれか。

A．I gave him an expensive watch, but he lost (⑦ it ① one).

B．Some people like cats, while (⑦ others ① the others) like dogs.

C．Mr. Wilson is a wonderful professor. (⑦ All his students ① Every one of his students) love studying with him.

	A	B	C
1.	⑦	⑦	⑦
2.	⑦	①	⑦
3.	⑦	①	①
4.	①	⑦	①
5.	①	①	⑦

【No. **18**】 次のA、B、Cの( )内の⑦、①のうち、より適切なものを選び出したものの組合せとして最も妥当なのはどれか。

A．I am (⑦ behalf of ① in favor of) your proposal to modify our company's website.

B．She worked late and completed the paper at the (⑦ cost ① view) of her health.

C．(⑦ Addition ① Owing) to heavy traffic, I was late about one hour.

	A	B	C
1.	⑦	⑦	①
2.	⑦	①	⑦
3.	①	⑦	⑦
4.	①	⑦	①
5.	①	①	⑦

海上保安学校

【No. 19】 次の伝言メモの内容に合致するものとして最も妥当なのはどれか。

```
                        OFFICE   MESSAGE
TO： Takashi Murakami
FROM： Karen Scott
TIME： 9:30, March 19
   (Telephone)            Fax            Office visit
MESSAGE：
Karen Scott from ABCD Printing called.  She wants to
arrange a new meeting time with you.  Instead of on
March 23 at 11, can you see her on March 24 at 1:30?
She'll be able to go over the contract with you then.
She'll try to contact you again tomorrow.
Taken By： Mike Bryant
```

1. Ms. Scott called Mr. Murakami to request a new contract.

2. Mr. Bryant could not answer Ms. Scott's call at 9:30 on March 19.

3. Ms. Scott will contact Mr. Murakami on March 20.

4. Ms. Scott will see Mr. Murakami on March 23.

5. Mr. Murakami will make an appointment with Mr. Bryant on March 24 at 1:30.

【No. 20】 次の文の内容に合致するものとして最も妥当なのはどれか。

　　Decades of research have shown that spending time in green space is good for our physical and mental health — including boosting our emotional states and attention spans and improving our longevity. Even a little goes a long way: a study in the 1980s showed that post-surgery patients assigned to hospital rooms with greenery outside recovered faster than those who didn't have such accommodations.

　　Yet in many cities, outdoor space — whether your own or in terms of proximity* to parks — comes at a premium. A study from the Office of National Statistics revealed that one in eight British households had no access to green space at home, whether a private or shared space. That inequity was starker among ethnic groups: in England, black people are almost four times more likely than white people to have no access to private outdoor space. Access to public outdoor space can be a challenge, too: "There are about 100 million people in the US who don't live within 10 minutes of a park or green space," says Kimberly Burrowes, a researcher at the Urban Institute, a think tank based in Washington, DC that studies cities. And the poorer an area is, the worse the park quality, even if a park is close by.

　　* proximity: nearness in distance or time

　1. 裕福な者は緑地で過ごすことが健康に良いと考え、入院する際に外に緑地のある病室を希望する傾向がある。
　2. 英国では、8世帯に1世帯は自宅の敷地内に緑地があるが、それ以外の世帯は公園に行かなければ緑地を利用できない。
　3. 英国では、白人と比較して、約4倍の数の黒人がプライベートな屋外スペースを利用することを好む傾向にあることが分かっている。
　4. Kimberly Burrowes は、米国には公園や緑地まで10分を超えるような場所に住む者が約1億人いると述べている。
　5. 貧しい地域では、公園を管理することが難しいことから質の悪い公園が増えており、そのような公園は閉園した方がいい場合さえある。

【No. 21】 次の文の内容に合致するものとして最も妥当なのはどれか。

Over the last 7 million years, our brains have tripled in size. But our original brain is still there, doing simple work like controlling bodily functions. This early brain is actually two almond-shaped clusters deep inside the brain called the amygdala. Many people call it the "lizard[*1] brain" — probably because it is nearly as old as the dinosaurs. The amygdala acts like a watchdog: It detects danger and activates a "fight or flight" reaction. It also stores traumatic experiences as memories to help us deal with future conflicts. This primitive brain leaps to action, not thought. It triggers stress, anger, fear and sexual appetite, and can lead us to fight. Depending on the situation, the amygdala can make us act pathologically[*2] and without reason.

But we also have a newer brain, called the limbic system, or sometimes the "monkey brain." This allows us to think, understand and reflect. It can control, alter or subdue the impulses of the lizard brain. It can override[*3] the amygdala's hair-trigger responses because the two parts of the brain work closely together. This closeness helps explain why we can't reduce a person's aggression by just getting rid of the amygdala.

As we evolved, we grew a third brain, the neocortex, which surrounds the monkey brain. This "human brain" uses logic, can think without emotion and helps us be patient before getting a reward. It gives us language, reasoning and planning.

But the amygdala is still the problem child. An overactive amygdala is likely linked to aggression. Doctors can help an individual become less aggressive with drugs and surgery, but they can't do that for the whole human race.

Why do decent citizens sometimes commit unspeakable crimes? Why do some politicians and celebrities act out primitive urges and carry out horrible acts?

The answer may be simple. Except for the criminally insane[*4], we can all learn to make a choice not to give in to the impulses of our lizard brain and, instead, use our higher brains to control them. Managing our lizard brain is key to civilized living and survival. Societies need to implement laws that promote and enforce nonaggression. Too often, folks and nations get away with murder.

[*1] lizard: トカゲ

[*2] pathologically: in a way that is not reasonable or sensible, or cannot be controlled

[*3] override: to take control over something, especially in order to change the way it operates

[*4] insane: having a serious mental illness that makes somebody unable to think or behave normally

1. 「トカゲの脳」は怒りや不安を生じさせるため、どんな状況であろうと我々人間に強固な理由に基づいた恐ろしい行動をさせる。

2. 「サルの脳」と「トカゲの脳」は相互に密接に関わっているため、「トカゲの脳」を取り除くことで人間の攻撃性を減少させることができる。

3. 「ヒトの脳」は人間に論理的思考をもたらすが、その思考は「トカゲの脳」の影響も受けるため感情に左右される。

4. 医学が発展し、医師は薬や手術によって人類全体の攻撃性を減少させることができるようになった。

5. 人間がより高度な脳を用いて「トカゲの脳」を制御することは、文明化された生活と生存にとって重要である。

【No. **22**】 次の文の内容に合致するものとして最も妥当なのはどれか。

My name is Bogale Borena and I am a 50-year-old father of six. I recently set up an avocado nursery with the capacity to produce 40,000 grafted[*1] seedlings[*2], which I can sell to some of the 300,000 avocado farmers who cultivate the crop in the Sidama and SNNPR regions of Ethiopia. I now employ 14 young people in the nursery.

I was motivated to grow avocados when a new avocado oil processing plant was established within the Integrated Agro Industries Park (IAIP) near my village.

The park employs 490 local people and is the first park of its kind in my region. It works closely with smallholder growers to ensure an adequate supply of avocadoes.

The Food and Agriculture Organization (FAO) provided technical assistance with the support of the Ministry of Agriculture with the aim of developing a value chain scheme, which includes improving productivity and the quality of commercial avocado varieties.

It also promotes sustainable farming practices for local smallholders.

Through careful avocado nursery management, the use of grafting tools and polyethene bags, I have increased production from 15,000 seedlings in 2020 to 40,000 in 2021.

It takes less than a year to grow and sell seedlings, and around three to four years for the plants to yield fruits, so the pay off for me has been immediate.

I was initially selling seedlings locally for 50 birr ($1) a piece. My projected potential annual earnings are now 2 million birrs (around $44,000). Next year, in 2022, I intend to more than double my production to 100,000 seedlings.

By growing grafted avocado seedlings, I have boosted my income and transformed my family's life.

As a result, I can plan to improve my house, buy a truck to transport fruits and other agricultural items, and establish a flour mill in my village. This will serve the local community and create employment opportunities for local youth.

I think my nursery is a good example of how inclusive agricultural value chains can boost youth employment and farmers' incomes, contributing to the eradication[*3] of poverty.

[*1] graft: to cut a piece from a living plant and attach it to another plant

[*2] seedling: a young plant or tree grown from a seed

[*3] eradication < eradicate: to completely get rid of something such as a disease or a social problem

1. Borena 氏は、アボカドの苗を栽培していたが、住んでいる村の近くにアボカドオイル加工工場が設立されたとき、そこで地元の住民と共に働き始めた。

2. IAIP は、アボカドの適切な供給を確保するために小規模農家と緊密に連携し、IAIP の敷地内で生産性と品質向上の指導をしながら、アボカド生産を行っている。

3. Borena 氏は、注意深くアボカドの苗床を管理し、接ぎ木道具等を使うことによって、アボカドの苗木を増産した。

4. アボカドの苗木を育てるには 1 年もかからないが、アボカドの実がなるにはおよそ 3、4 年かかるため、Borena 氏の収入が増えるのは数年後である。

5. Borena 氏は、農業に従事する地元の若者の収入を 2 倍以上に上げるため、農機具を購入して、若者に起業の指導を行った。

【No. 23】 次の文の内容に合致するものとして最も妥当なのはどれか。

Faced with a rapid increase in overweight, which affects almost half of its children today, Chile has launched a comprehensive programme[*1] to try to improve children's food environments, with the aim of encouraging and supporting children, young people and caregivers to make healthier decisions.

Key initiatives include a National Food and Nutrition Policy, which outlines the right to good-quality, culturally appropriate food that supports good health and well-being. Other actions include a new and innovative food labelling law that aims to protect children's nutrition by modifying food environments, promoting informed decisions on food, and decreasing consumption of excess sodium, sugar and saturated fats[*2].

The law addresses five main areas: new front of package (FOP) warning labels; restrictions on food advertising, especially directed towards children aged under 14; incorporation of messages promoting healthy lifestyle habits in food advertising; restrictions on the sale of food with excess sodium, sugar and saturated fats in schools; and incorporation of activities in all schools that contribute to developing healthy eating habits and an active lifestyle.

The new warning labels have a striking format: white letters on a black octagon, warning consumers that a product is high in calories, sodium, sugar and/or saturated fat.

Evaluations of the law and its implementation indicate that the public, especially children, support and easily understand these new messages. Most consumers take the warning labels on food products seriously and prefer to buy foods with fewer or no labels. Also, the majority of schools comply with the regulations, providing healthier environments without advertising or marketing for inappropriate foods, and the presence of healthier food with critical nutrients, and more spaces for physical activities. A number of industries have reformulated the composition of their food products in order to stay below the established limits of unhealthy ingredients.

[*1] programme > program

[*2] saturated fat: a fat found in meat, milk, and eggs, which is thought to be bad for health

1. チリでは、過体重の子供の急増を受けて、これを半減させて健康志向の政策決定に若年層の支持を集めるため、新たなプログラムが立ち上げられた。

2. チリでは、食品ラベル法において、パッケージに健康的な生活習慣を促すメッセージの掲載がない食品について、14歳未満の子供のいる家庭に販売することを規制している。

3. チリで新たに導入された警告ラベル表示は、白と黒のモノトーンを基調とした目立たないデザインで、商品の外観を損なわないよう配慮されている。

4. チリでは、ほとんどの消費者が食品の購入時に警告ラベル表示を真剣に捉えており、警告がより少ないものを選ぼうとする傾向が認められている。

5. チリでは、事業者が食品の成分の見直しを進めつつあるが、その取組を行う事業者の数は、政府の定めた目標に達していない。

【No. 24】 次の語群の㋐～㋔の単語を並べ替えて（　　　　）内を補い、和文に対応する英文を作るとき、㋐～㋔のうちで（　　　　）内の２番目と５番目に来るものの組合せとして最も妥当なのはどれか。

和文：読書ほど面白いものはない。

英文：There is （　　　　　　　　　　）.

語群：㋐ reading　㋑ interesting　㋒ more　㋓ nothing　㋔ than

	２番目	５番目
1.	㋑	㋐
2.	㋑	㋓
3.	㋒	㋐
4.	㋒	㋓
5.	㋔	㋑

【No. 25】 次の㋐～㋕は、二人が交互に行った発言を並べ替えたものである。㋐～㋕の文を会話として意味が通るように並べたとき、２番目と５番目に来るものの組合せとして最も妥当なのはどれか。

㋐ Yes. But it is about a ten-minute walk from here.

㋑ Are you Okay?

㋒ Is there a clinic in the neighborhood?

㋓ Okay. I'll go by taxi.

㋔ Oh, no. That is terrible. You should see a doctor.

㋕ I fell and hurt my ankle. I can't walk.

	２番目	５番目
1.	㋐	㋔
2.	㋑	㋐
3.	㋒	㋑
4.	㋔	㋒
5.	㋕	㋐

【No. **26**】 次の会話の空欄A、B、Cに当てはまる文を㋐〜㋔から選び出したものの組合せとして最も妥当なのはどれか。

Store Manager: Hi, there. Welcome to XYZ Works! How can I help you?

Customer : I am looking for a unique gift and ⬚ A ⬚ .

Store Manager: Here at XYZ Works, we focus on things that are handmade and recycled.

Customer : Wow! That is really good for the environment. Can I look around?

Store Manager: Please do.

Customer : Oh, ⬚ B ⬚ .

Store Manager: You know, when I found those pieces, they were broken and in a dumpster. It's not easy to see the treasure in trash.

Customer : I see.

Store Manager: But you can learn. In fact, I teach private classes. And one is called Turning Trash to Treasure. Next week, bring in some trash and ⬚ C ⬚ .

Customer : Got it! I'll see you next week.

㋐ something goes wrong

㋑ these pieces are very interesting

㋒ a friend told me about your store

㋓ everybody can make something

㋔ we'll turn it into treasure

	A	B	C
1.	㋐	㋑	㋔
2.	㋐	㋒	㋓
3.	㋒	㋑	㋔
4.	㋒	㋔	㋓
5.	㋓	㋐	㋑

海洋科学課程の受験者は No.27 ～ No.39 を解答してください。
航空課程と管制課程の受験者は解答する必要はありません。

【No. 27】　船 A は東向きに 10 m/s の速さで進み、船 B は北向きに 10 m/s の速さで進んでいる。
A から見た B が進む向きと速さとして最も妥当なのはどれか。

1.　北東向きに 10 m/s
2.　北東向きに 14 m/s
3.　南東向きに 14 m/s
4.　北西向きに 10 m/s
5.　北西向きに 14 m/s

【No. 28】　図のように、長さ 1.2 m の軽い一様な棒を、端 A から 0.80 m の点 O で糸につるす。
A に重さ 15 N のおもりをつるし、もう一方の端 B に鉛直下向きの力を加えて棒を水平に静止さ
せたとき、O に付けた糸の張力の大きさとして最も妥当なのはどれか。

1.　35 N
2.　40 N
3.　45 N
4.　50 N
5.　55 N

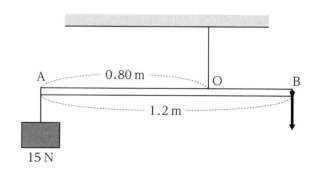

【No. 29】 図のように、水平面とのなす角が
θ の滑らかな斜面上に、糸でつながれた質量
m の物体Aと質量 $3m$ の物体Bがある。A
を斜面と平行な向きに大きさ F の力で引く
と、AとBは糸でつながれたまま斜面を上
り始めた。このとき、Bの加速度の大きさと
して最も妥当なのはどれか。

ただし、重力加速度の大きさを g とする。

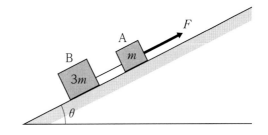

1. $\dfrac{F}{4m} - g\sin\theta$

2. $\dfrac{F}{4m} - g\cos\theta$

3. $\dfrac{F}{3m} - g\sin\theta$

4. $\dfrac{F}{3m} - g\cos\theta$

5. $\dfrac{F}{3m}$

【No. 30】 滑らかな水平面上を速さ $2.0\,\mathrm{m/s}$ で運動している質量 $4.0\,\mathrm{kg}$ の物体に力を加えたとこ
ろ、物体の運動方向は変わらず、速さは $4.0\,\mathrm{m/s}$ になった。このとき、加えた力がした仕事とし
て最も妥当なのはどれか。

1. $4.0\,\mathrm{J}$

2. $8.0\,\mathrm{J}$

3. $16\,\mathrm{J}$

4. $24\,\mathrm{J}$

5. $32\,\mathrm{J}$

【No. 31】 図のように、滑らかな水平面上で、ばね定数 3.0×10^2 N/m のばねの一端を壁に固定し、他端に質量 1.2 kg の小球を押しつけ、自然長から 0.20 m だけ縮めた状態から静かに放したところ、小球は、ばねが自然長になった位置でばねから離れ、水平面とつながる滑らかな曲面に沿って滑り上がった。このとき、小球が達する最高点の水平面からの高さとして最も妥当なのはどれか。

ただし、重力加速度の大きさを 10 m/s^2 とし、小球の運動とばねの変形は同一平面内で生じるものとする。

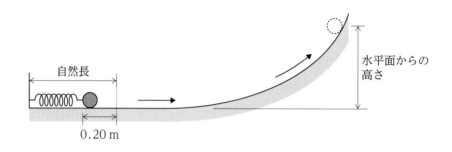

1. 0.10 m 　　　 2. 0.20 m 　　　 3. 0. 　　　 4. 0.40 m 　　　 5. 0.50 m

【No. 32】 それぞれ一様な物体 A，B，C を、密度 ρ_0 で一様な液体中に完全に沈める。A は体積 V、密度 ρ、B は体積 $2V$、密度 ρ、C は体積 V、密度 2ρ である。A，B，C が受ける浮力の大きさをそれぞれ F_A, F_B, F_C としたとき、F_A, F_B, F_C の関係を表したものとして最も妥当なのはどれか。

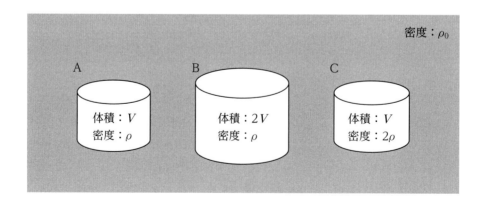

1. $F_A < F_B < F_C$ 　　　 3. $F_A = F_B < F_C$

2. $F_A < F_C < F_B$ 　　　 4. $F_A = F_C < F_B$

　　　　　　　　　　　　 5. $F_A = F_B = F_C$

【No. 33】 ある金属でできた 250 g の物体を 20 ℃ から 80 ℃ に上昇させるのに 4.5 kJ の熱量を必要とした。この金属の比熱として最も妥当なのはどれか。

1. $0.30\,\mathrm{J/(g\cdot K)}$
2. $0.40\,\mathrm{J/(g\cdot K)}$
3. $0.50\,\mathrm{J/(g\cdot K)}$
4. $0.60\,\mathrm{J/(g\cdot K)}$
5. $0.70\,\mathrm{J/(g\cdot K)}$

【No. 34】 滑らかに動くピストンのついた容器に閉じ込めた理想気体が、次の㋐、㋑のように変化したとき、それぞれの場合の気体の内部エネルギーの変化に関する記述の組合せとして最も妥当なのはどれか。

㋐ 気体を圧縮して $3.5 \times 10^2\,\mathrm{J}$ の仕事をしたところ、気体は $2.0 \times 10^2\,\mathrm{J}$ の熱を放出した。

㋑ 温度を一定に保ったまま気体に $3.5 \times 10^2\,\mathrm{J}$ の熱を与えたところ、気体は膨張した。

	㋐	㋑
1.	増加する	減少する
2.	増加する	変わらない
3.	減少する	増加する
4.	減少する	減少する
5.	変わらない	変わらない

【No. 35】 音に関する次の記述の㋐、㋑、㋒に当てはまるものの組合せとして最も妥当なのはどれか。

「音（音波）は、波の一種であり、媒質が ㋐ 伝わる ㋑ である。波に共通する現象は、音においても観察することができる。例えば、直接には姿が見えなくても、塀の向こう側の人の声が聞こえることがある。これは、音が ㋒ し、塀の背後にも届くためである。」

	㋐	㋑	㋒
1.	気体のときのみ	縦波	回折
2.	気体のときのみ	横波	干渉
3.	気体、液体、固体のいずれであっても	縦波	回折
4.	気体、液体、固体のいずれであっても	縦波	干渉
5.	気体、液体、固体のいずれであっても	横波	干渉

●海上保安学校

【No. 36】 図のように、振動数 f のおんさ A に付けた弦の端に、滑車を通しておもりをつり下げ、おんさを振動させたところ、PQ 間に 3 倍振動の定常波が生じた。次に、おんさ A を、振動数の異なるおんさ B に取り替えて同じ実験をしたところ、PQ 間に 5 倍振動の定常波が生じた。おんさ B の振動数として最も妥当なのはどれか。

1. $\dfrac{3}{5}f$

2. $\dfrac{2}{3}f$

3. $\dfrac{3}{2}f$

4. $\dfrac{5}{3}f$

5. $\dfrac{5}{2}f$

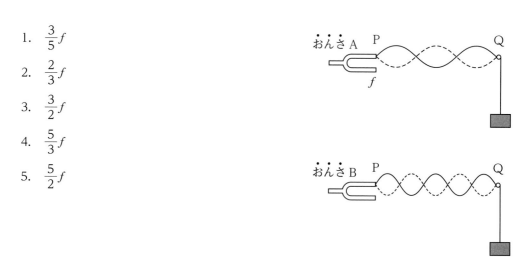

【No. 37】 光が屈折率の異なる媒質中を通過するとき、光の通過する経路を模式的に示した図として最も妥当なのはどれか。

ただし、図中の $\theta\,(0° < \theta < 90°)$ は空気から媒質Ⅰへの入射角を表す。また、空気の絶対屈折率を 1.0、媒質Ⅰの絶対屈折率を n_1、媒質Ⅱの絶対屈折率を n_2 としたとき、$1.0 < n_1 < n_2$ が成り立つものとする。

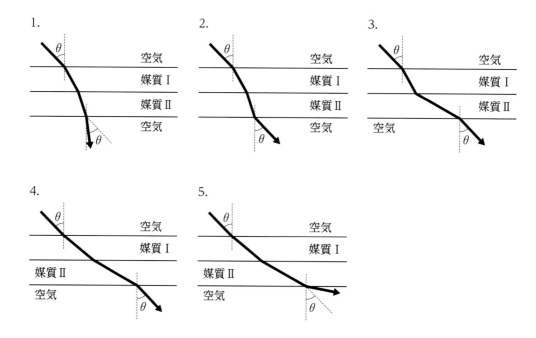

【No. 38】 図のような回路において、直流電源に流れる電流が5.0 A であったとき、抵抗 R での消費電力として最も妥当なのはどれか。

ただし、直流電源の内部抵抗は無視できるものとする。

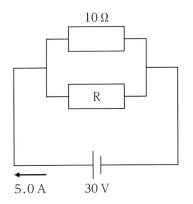

1. 50 W
2. 60 W
3. 70 W
4. 80 W
5. 90 W

【No. 39】 図のように導線に電流を流したとき、平面上に位置する点⑦、①、⑦に生じる磁場の向きを選び出したものの組合せとして最も妥当なのはどれか。

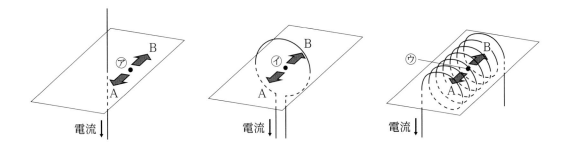

	⑦	①	⑦
1.	A	A	A
2.	A	B	A
3.	A	B	B
4.	B	A	A
5.	B	B	B

(課　題)

インターネットの利用について思うこと

※作文の解答例については掲載していません。

●海上保安学校

2023 年度　採用試験問題正答番号表
「記述式」「作文」「課題論文」の解答，解答例は掲載していません。

★海上保安大学校：本科 基礎能力試験（多肢選択式）

問題	正答	問題	正答	問題	正答	問題	正答	問題	正答
1	3	9	3	17	1	25	3	33	1
2	3	10	2	18	2	26	5	34	1
3	2	11	1	19	2	27	2	35	5
4	5	12	1	20	4	28	3	36	3
5	4	13	3	21	2	29	1	37	4
6	3	14	4	22	1	30	5	38	5
7	4	15	2	23	5	31	4	39	4
8	5	16	3	24	5	32	1	40	5

★海上保安大学校：本科 学科試験（多肢選択式）

問題	正答	問題	正答	問題	正答	問題	正答	問題	正答
1	5	7	3	13	1	19	4	25	2
2	2	8	1	14	1	20	5	26	5
3	3	9	4	15	3	21	2		
4	5	10	3	16	1	22	4		
5	2	11	4	17	4	23	2		
6	2	12	4	18	5	24	5		

★海上保安大学校：海上保安官採用試験（初任科）基礎能力試験（多肢選択式）

問題	正答	問題	正答	問題	正答	問題	正答	問題	正答
1	3	9	4	17	1	25	2	33	1
2	4	10	3	18	5	26	4	34	4
3	3	11	5	19	1	27	5	35	5
4	5	12	4	20	4	28	2	36	5
5	1	13	2	21	1	29	1	37	2
6	4	14	2	22	2	30	4	38	3
7	3	15	3	23	3	31	5	39	5
8	2	16	4	24	2	32	1	40	1

★海上保安学校 基礎能力試験（多肢選択式）

問題	正答	問題	正答	問題	正答	問題	正答	問題	正答
1	1	9	4	17	1	25	2	33	2
2	3	10	1	18	2	26	3	34	3
3	4	11	1	19	5	27	5	35	5
4	2	12	1	20	4	28	3	36	2
5	4	13	2	21	4	29	4	37	3
6	4	14	2	22	5	30	2	38	5
7	3	15	2	23	5	31	3	39	5
8	1	16	3	24	1	32	5	40	1

★海上保安学校 学科試験（多肢選択式）

問題	正答	問題	正答	問題	正答	問題	正答	問題	正答
1	3	9	2	17	1	25	5	33	1
2	4	10	2	18	4	26	3	34	2
3	4	11	1	19	3	27	5	35	3
4	3	12	2	20	4	28	3	36	4
5	3	13	5	21	5	29	1	37	2
6	4	14	2	22	3	30	4	38	2
7	1	15	5	23	4	31	5	39	1
8	5	16	1	24	3	32	4		

海上保安大学校　海上保安学校への道 **2024 年版**　定価は表紙に表示してあります。

2024 年 3 月 18 日　初版発行

編　者　海上保安受験研究会
発行者　小 川 啓 人
印　刷　亜細亜印刷株式会社
製　本　株式会社難波製本

発行所　鼗 成 山 堂 書 店

〒160-0012　東京都新宿区南元町 4 番 51　成山堂ビル
TEL：03（3357）5861　　FAX：03（3357）5867
URL　https://www.seizando.co.jp
落丁・乱丁本はお取り換えいたしますので，小社営業チーム宛にお送りください。